バサラ山スケッチ通信

世界の鳥の巣をもとめて

鈴木 まもる

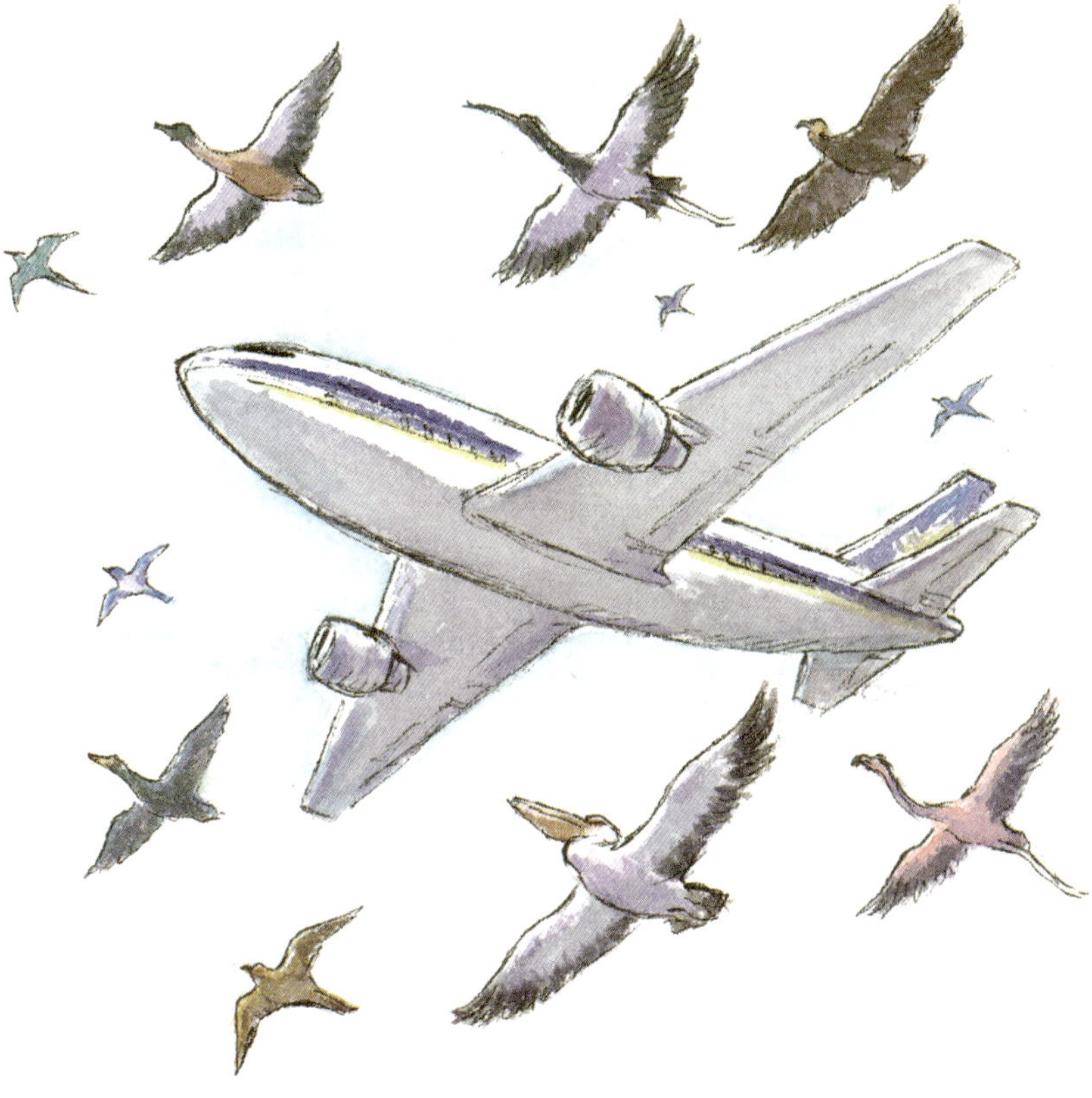

小峰書店

はじめて外国《がいこく》の鳥《とり》の巣《す》を見《み》たとき、それはそれは驚《おどろ》きました。
いままで見《み》た日本《にほん》の鳥《とり》の巣《す》と、形《かたち》も材料《ざいりょう》も作《つく》り方《かた》も、
ぜんぜん違《ちが》っていたからです。
ぼくは世界中《せかいじゅう》のいろいろな鳥《とり》の巣《す》を見《み》てみたくなりました。

ハチドリ

キムネコウヨウジャク

ツリスガラ

アオハウチワドリ

オナガサイホウチョウ

鳥の巣

世界《せかい》には約《やく》九千種《しゅ》も鳥《とり》がいるそうです。
そして、それぞれの鳥《とり》たちはすむ環境《かんきょう》にあわせて
独自《どくじ》の巣《す》を作《つく》っているようです。

世界の

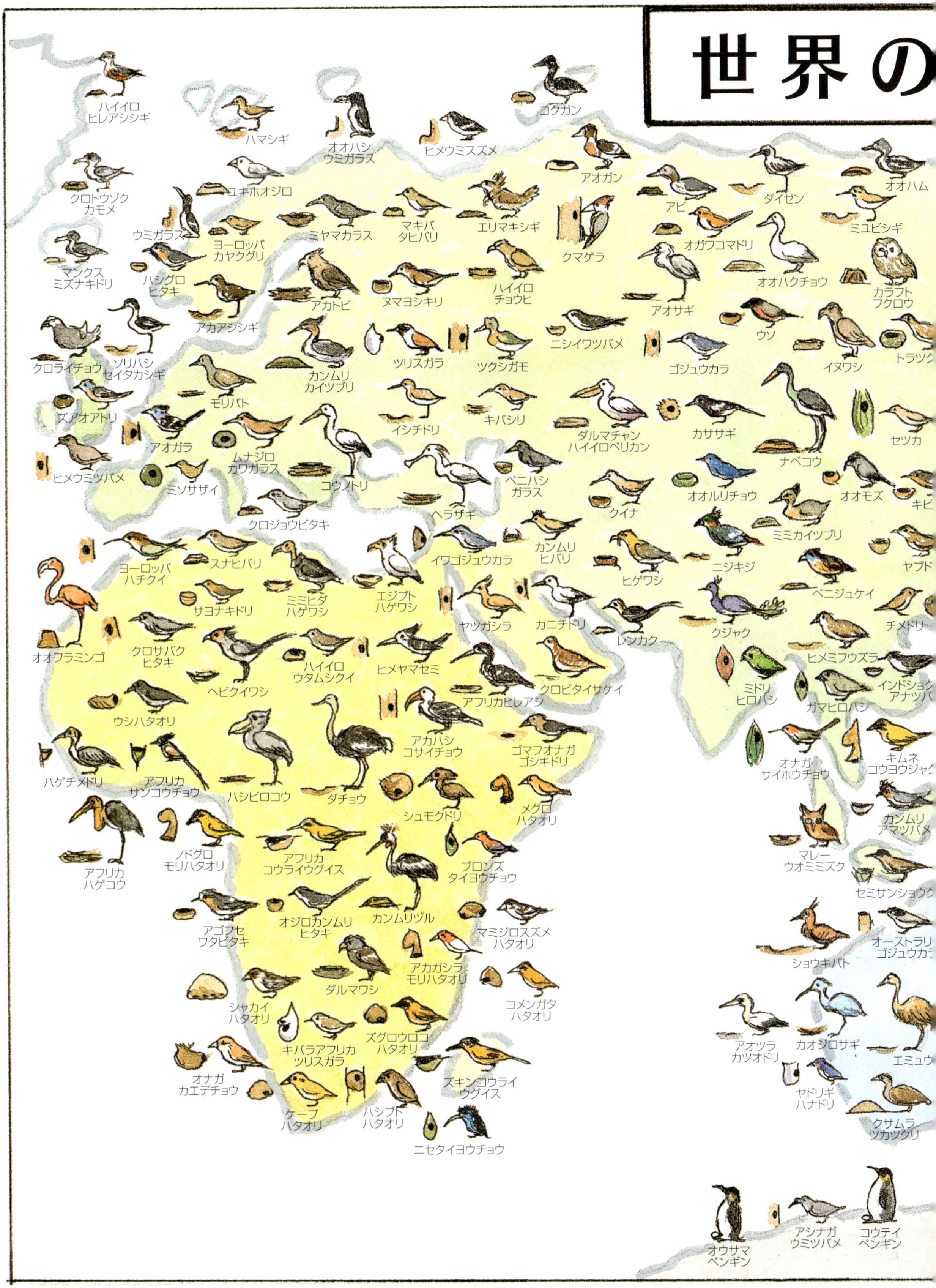
ハイイロヒレアシシギ
ハマシギ
オオハシウミガラス
ヒメウミスズメ
コクガン
クロトウゾクカモメ
ユキホオジロ
アオガン
アビ
ダイゼン
オオハム
ウミガラス
ヨーロッパカヤクグリ
ミヤマガラス
マキバタヒバリ
エリマキシギ
オガワコマドリ
ミユビシギ
マンクスミズナギドリ
ハシグロヒタキ
クマゲラ
アカトビ
ヌマヨシキリ
ハイイロチョウヒ
オオハクチョウ
カラフトフクロウ
アカアシシギ
アオサギ
ウソ
クロライチョウ
ソリハシセイタカシギ
カンムリカイツブリ
ツリスガラ
ツクシガモ
ニシイワツバメ
ゴジュウカラ
イヌワシ
トラツグ
モリバト
ズアオアトリ
イシチドリ
キバシリ
ダルマチャンハイイロペリカン
カササギ
セッカ
アオガラ
ムナジロカワガラス
ヒメウミツバメ
ミソサザイ
コウノトリ
ナベコウ
ベニハシガラス
オオルリチョウ
オオモズ
ヘラサギ
クイナ
クロジョウビタキ
ミミカイツブリ
ヨーロッパハチクイ
スナヒバリ
イワゴジュウカラ
カンムリヒバリ
ニジキジ
ヒゲワシ
ヤブド
ベニジュケイ
サヨナキドリ
ミミヒダハゲワシ
エジプトハゲワシ
オオフラミンゴ
ヤツガシラ
カニチドリ
レンカク
クジャク
チメドリ
クロサバクヒタキ
ヘビクイワシ
ハイイロウタムシクイ
ヒメヤマセミ
ヒメミフウズラ
クロビタイサケイ
アフリカヒレアシ
ミドリヒロハシ
ガマヒロハシ
インドショウアナツバ
ウシハタオリ
アカハシコサイチョウ
ゴマフオナガゴシキドリ
オナガサイホウチョウ
キムネコウヨウジャク
ハゲチメドリ
アフリカサンコウチョウ
ハシビロコウ
ダチョウ
シュモクドリ
メグロハタオリ
カンムリアマツバメ
マレーウオミミズク
アフリカハゲコウ
ノドグロモリハタオリ
アフリカコウライウグイス
ブロンズタイヨウチョウ
セミサンショウク
アゴフセワタビタキ
オジロカンムリヒタキ
カンムリヅル
マミジロスズメハタオリ
オーストラリゴジュウカラ
ショウキバト
アカガシラモリハタオリ
ダルマワシ
コメンガタハタオリ
シャカイハタオリ
アオツラカツオドリ
カオジロサギ
エミュウ
キバラアフリカツリスガラ
ズグロウロコハタオリ
オナガカエデチョウ
ズキンコウライウグイス
ヤドリギハナドリ
ケープハタオリ
ハシブトハタオリ
クサムラツカツクリ
ニセタイヨウチョウ
オウサマペンギン
アシナガウミツバメ
コウテイペンギン

日本《にほん》から約《やく》一万《まん》km。
アメリカ、ロサンゼルスのちいさな町《まち》カマリーロに、
鳥《とり》の巣《す》と卵《たまご》の収集《しゅうしゅう》では世界有数《せかいゆうすう》の研究所《けんきゅうじょ》があります。
その名《な》はWestern《ウエスタン》 Foundation《ファウンデーション》 of《オブ》 Vertebrate《バータブラット》 Zoology《ズーロジー》
ぼくは、そこで世界中《せかいじゅう》の鳥《とり》の巣《す》と卵《たまご》を見《み》ることができました。

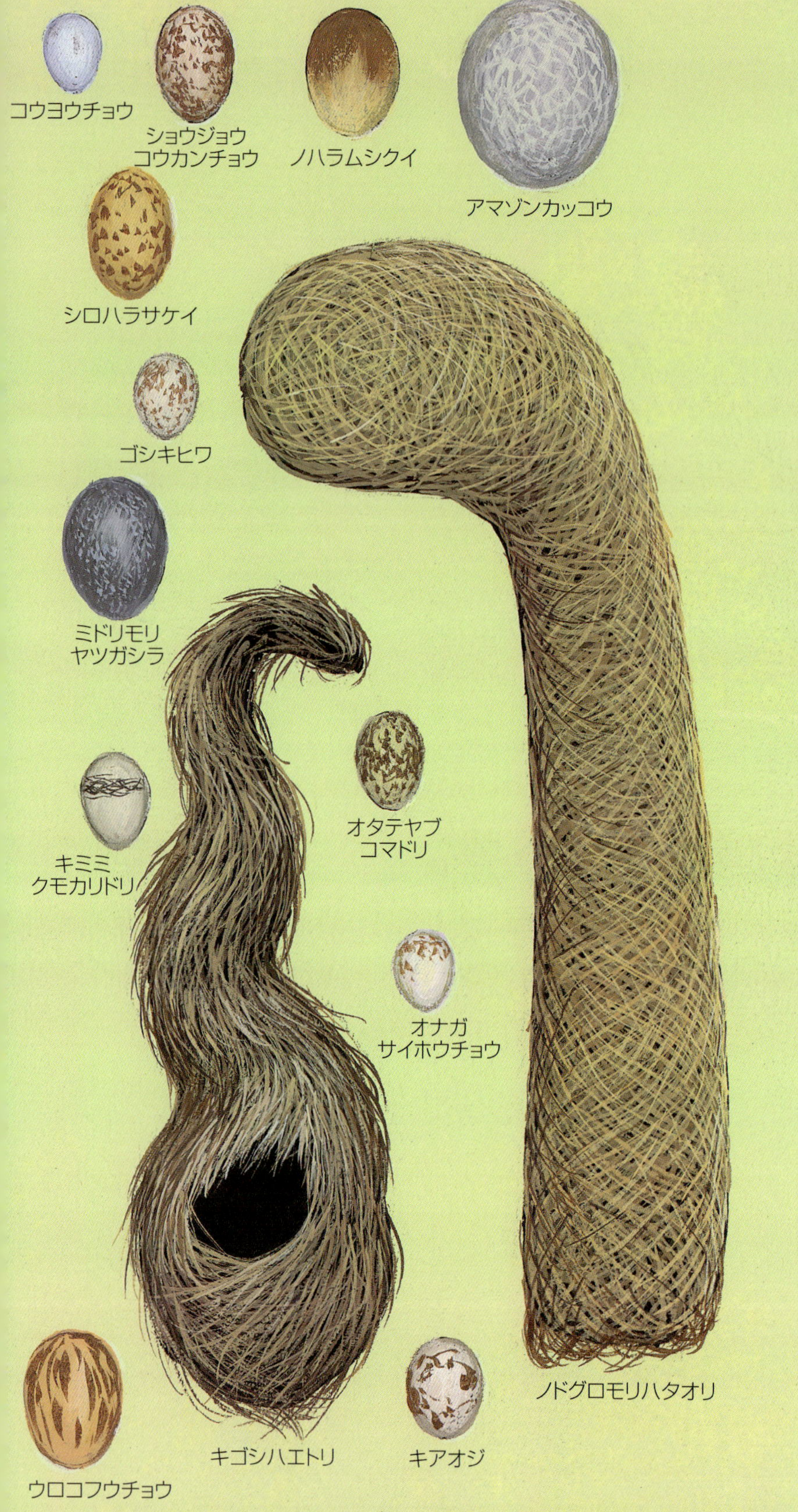

アカビタイ
サンショクヒタキ
ブロンズ
タイヨウチョウ
オオヒタキモドキ
シロガシラ
ミズベマネシツグミ
ヌマ
センニュウ
ボルチモア
ムクドリモドキ
シロズキン
ヤブモズ
オリーブ
タイランチョウ
ナツフウキンチョウ
オリーブ
タイヨウチ
ヒメヤブモズ
ノドジロ
アオヒヨドリ
シロハラ
ハイムク
タテジマ
クモカリドリ
ヤブコマドリ
オナガヒロハシ
オオヒゲナシヨタカ
ミドリヒロハシ
ミズベマネシツグミ
ハシナガヌマ
ミソサザイ
アカアシシギ
アカガオセッカ
キノドミドリ
ヤブモズ
ヒメウタ
ムシクイ
ヒメコノハドリ
スグロウロコ
ハタオリ
ムネアカ
コウヨウチョウ
ミドリフタオハチドリ
ウグイス
キゴシツリスドリ
ヒラハシ

日本《にほん》から約《やく》五千km、
東南《とうなん》アジアの熱帯雨林《ねったいうりん》には
カラフルな鳥《とり》たちと
不思議《ふしぎ》な鳥《とり》の巣《す》がありました。

ギンムネヒロハシ

オナガサイホウチョウの巣

タテジマクモカリドリ

キムネコウヨウジャクの巣

シロハラキンパラの巣

ナンヨウショウビン

日本《にほん》から約《やく》一万《まん》五千km、
南《みなみ》アフリカは鳥《とり》の巣《す》の宝庫《ほうこ》でした。

ウシハタオリ

クリイロハタオリ

コメンガタハタオリ

南《みなみ》アフリカ、
直径《ちょっけい》一〇mもあるバオバブの木にも
鳥《とり》の巣《す》がありました。

全長《ぜんちょう》九m、幅《はば》五m、厚《あつ》さ二・五m。
巨大《きょだい》なシャカイハタオリの巣《す》。

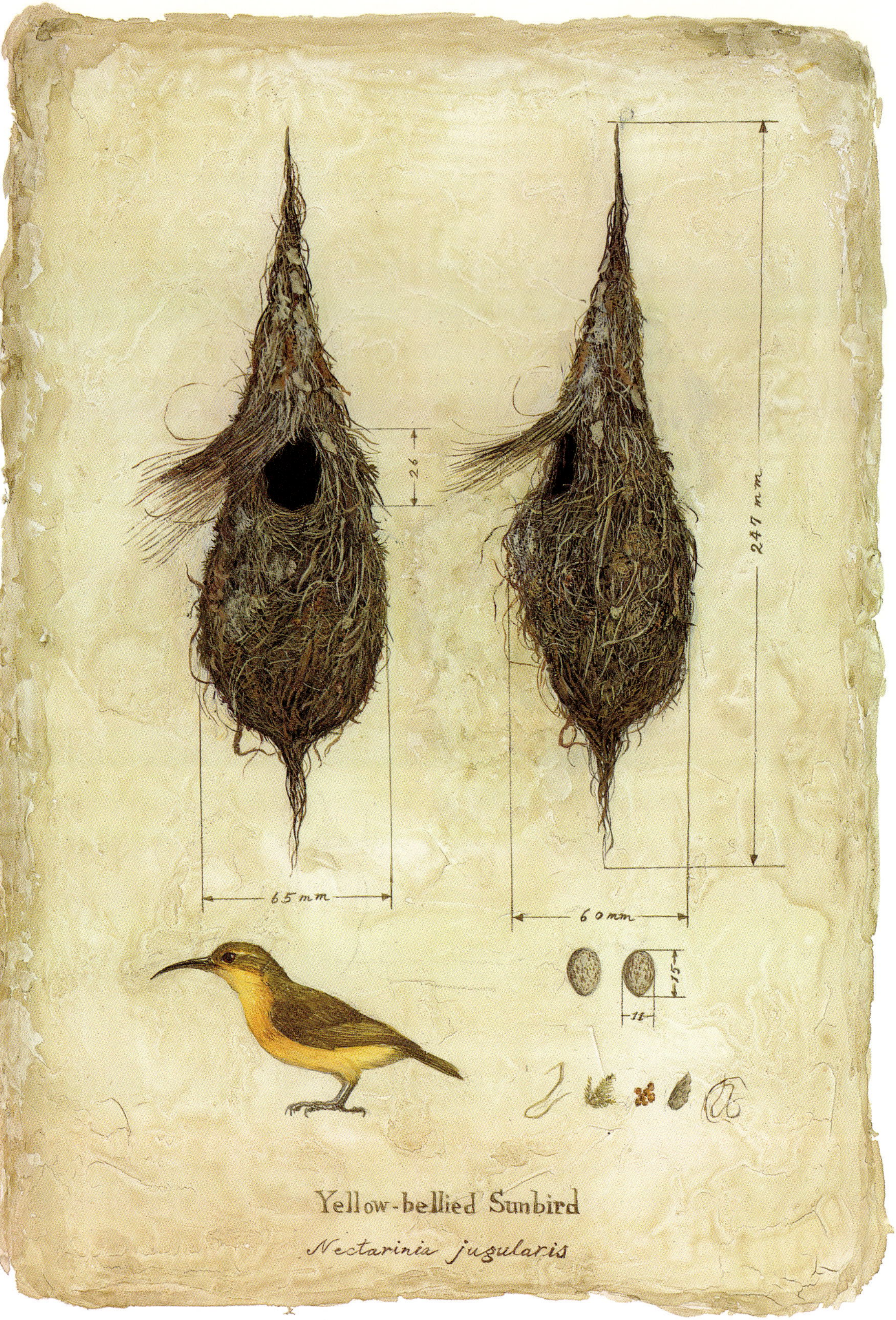
26
247 mm
65mm
60mm
15
11
Yellow-bellied Sunbird
Nectarinia jugularis

キバラタイヨウチョウ

バサラ山スケッチ通信

世界の鳥の巣をもとめて

目次

プロローグ

午後《ごご》四時《じ》、成田《なりた》空港第一《くうこうだい》旅客《りょかく》ターミナル。シンガポール航空《こうくう》、成《なり》田《た》発《はつ》ロサンゼルス行き。

東京《とうきょう》で仕事《しごと》の打《う》ち合《あ》わせがあり、その足で空港《くうこう》にきたので出発《しゅっぱつ》まですこし時間《じかん》があり、まだ出発《しゅっぱつ》ゲートは閑散《かんさん》としていました。これまでも海外旅行《かいがいりょこう》にいったことはありましたが、それらは家族《かぞく》といっしょのふつうの観光旅行《かんこうりょこう》でした。

しかし今回《こんかい》は違《ちが》います。ただ一人《ひとり》、目的《もくてき》はただひとつ。鳥《とり》の巣《す》と卵《たまご》です。（あっ、ふたつか）

行《い》き先《さき》はロサンゼルスから北西《ほくせい》に約《やく》一〇〇キロにある小さな町《まち》カマリーロ。そこにWestern《ウエスタン》 Foundation《ファウンデーション》 of《オブ》 Vertebrate《バータブラット》 Zoology《ズーロジー》（脊椎動物学西部財団《せきついどうぶつがくせいぶざいだん》）という世界《せかい》でもゆびおりの鳥《とり》の研究施設《けんきゅうしせつ》があり、そこに鳥《とり》の巣《す》と卵《たまご》を見せてもらいにいくのです。

飛行機《ひこうき》の中で、すこしでも勉強《べんきょう》しようと持《も》ってきた、世界中《せかいじゅう》のいろいろな鳥《とり》の卵《たまご》がでている洋書《ようしょ》の「Birds《バーズ》 Eggs《エッグズ》」を見ながら、ほん

とうにこういうものが見られるのだろうかとワクワクし、時間《じかん》をつぶしました。

スリムでエキゾチックなシンガポール航空《こうくう》の客室乗務員《きゃくしつじょうむいん》さんたちがゲートをくぐり飛行機《ひこうき》のほうへ歩《ある》いていきます。お客《きゃく》さんも増《ふ》えてきました。シーズンオフの平日《へいじつ》ということもあり日本人観光客《にほんじんかんこうきゃく》の人はほとんどいません。金髪《きんぱつ》で半《はん》ズボンのお兄《にい》ちゃんや、背《せ》の高《たか》い黒人《こくじん》の人、聞《き》きとれない英語《えいご》がとびかい、ぼくのまわりが、どんどん日本《にほん》でなくなっていくようです。

さあ、機内《きない》への誘導《ゆうどう》が始《はじ》まりました。

いざ、世界《せかい》の鳥《とり》の巣《す》を求《もと》めて出発《しゅっぱつ》です。

オオルリ
初夏、東南アジアから日本に
わたってきて,巣を作ります

ジョウビタキ
初冬、モンゴル、中国などから
寒さをのがれるために、日本に
わたってきます
日本では巣を作りません

日本《にほん》の鳥《とり》の巣《す》から世界《せかい》の鳥《とり》の巣《す》へ

ぼくは、家《いえ》のまわりでぐうぜん鳥《とり》の巣《す》を見つけ、鳥《とり》の巣《す》と出会《であ》いました。

それから鳥《とり》の巣《す》を求《もと》めて、家《いえ》のまわりからだんだんと遠《とお》いところへといくようになりました。そして、もっと鳥《とり》の巣《す》のいろいろなことを知《し》りたくなり山階鳥類研究所《やましなちょうるいけんきゅうじょ》はじめ、鳥《とり》の学者《がくしゃ》、写真家《しゃしんか》の人たちに会《あ》いにいくようになりました。

そうしてだんだん日本《にほん》にいる鳥《とり》の巣《す》のことがおぼろげにわかってきました。

日本《にほん》で見られる鳥《とり》は約《やく》六〇〇種《しゅ》。そのうちで、日本《にほん》で繁殖《はんしょく》し巣《す》を作るのは約半数《やくはんすう》。残《のこ》りの半分《はんぶん》は海外《かいがい》で巣《す》を作っているようです。

巣作《すづく》りをするほうは、ずっと日本《にほん》にすみついている鳥《とり》もいるし、春《はる》に目にするツバメは、約《やく》五千キロも離《はな》れた東南《とうなん》アジア等《など》から海《うみ》を渡《わた》って日本《にほん》にやってくるのです。

巣作《すづく》りをしないほうは、初冬《しょとう》、シベリア等《など》からやってくるハクチヨウやガンのなかまで、冬《ふゆ》の寒《さむ》さからのがれるために日本《にほん》にやってきて、春《はる》になるとシベリアにもどって巣《す》を作っているのです。〝渡《わた》り鳥《どり》〟と同《おな》じように呼《よ》ばれても、前者《ぜんしゃ》は巣《す》を作りに日本《にほん》に飛《と》んでくるのに対《たい》し、後者《こうしゃ》は巣《す》を作りに日本《にほん》から飛《と》び立《た》っていくわけで、その意味《いみ》の違《ちが》いにまったく気《き》がついていませんでした。

巣作《すづく》りのための渡《わた》りだったわけです。

オオミズナギドリなどは、はるか一万二千キロも離《はな》れたオーストラリアのかなたから日本沿岸《にほんえんがん》の島々《しまじま》にやってくるようで、地図《ちず》もレーダーもなしにどうして迷《まよ》わないのか不思議《ふしぎ》でなりません。

実《じつ》は渡《わた》り鳥《どり》のそんな不思議《ふしぎ》な能力《のうりょく》がわかるようになったのはごく最近《さいきん》らしく、それまでは小さな鳥《とり》は大きな鳥《とり》に乗《の》せてもらって遠《とお》くからくるのではないかとか、冬《ふゆ》のあいだ土《つち》の中《なか》で冬眠《とうみん》しているのではないかと思《おも》われていたそうです。（その後《ご》、実際《じっさい》に冬眠《とうみん》するプアーウィルヨタカが発見《はっけん》されます）

ツバメのように日本《にほん》にきて巣《す》を作ってくれる鳥《とり》は、その巣《す》を見られますが、外国《がいこく》で巣《す》を作る鳥《とり》の巣《す》は、日本《にほん》ではどうやったって見ることができません。

こうして、日本《にほん》では見られない海外《かいがい》の鳥《とり》の巣《す》へと興味《きょうみ》がひろがっ

台風でバサラ山に
とばされ、力つきた
オオミズナギドリ

小林先生宅の資料室

ていったところで、鳥類学《ちょうるいがく》の大先達《だいせんだつ》小林桂助《こばやしけいすけ》先生《せんせい》にお会《あ》いしました。先生《せんせい》のご自宅《じたく》でキムネコウヨウジャクはじめ、いくつもの外国《がいこく》の鳥《とり》の巣《す》を実際《じっさい》に見せてもらったりいただいたり、巣《す》のことを教《おし》えていただき、世界《せかい》の鳥《とり》の巣《す》への興味《きょうみ》はどんどんひろがっていったわけです。

が、いかんせん日本《にほん》で巣《す》を作らないので見ることもできないし調《しら》べることもできません。日本《にほん》の鳥《とり》の巣《す》だって本がないので自分《じぶん》でやっと作ったくらいですから、世界《せかい》の鳥《とり》の巣《す》の本があるわけありません。

これは外国《がいこく》でも同《おな》じで、洋書《ようしょ》を探《さが》しても鳥《とり》の図鑑《ずかん》や写真集《しゃしんしゅう》、画集《がしゅう》はあっても鳥《とり》の巣《す》の本はありません。（後《のち》に数冊《すうさつ》見つけますがこのときはまだ知《し》らなかった）

それら洋書《ようしょ》の中《なか》に何点《なんてん》か巣《す》の中の卵《たまご》やヒナを写《うつ》すために、巣《す》がちょこっと写《うつ》っているというのを見つけるのがせいぜいでした。しかし、そうやってすこしずつすこしずつ海外《かいがい》の鳥《とり》の巣《す》がわかってきました。

世界《せかい》に鳥《とり》は約《やく》九千種《しゅ》。日本《にほん》の比《ひ》ではありません。

四季《しき》温暖《おんだん》な島国《しまぐに》日本《にほん》に対《たい》し、熱帯《ねったい》のジャングル、砂漠《さばく》、極寒《ごくかん》の地《ち》、等々《などなど》、環境《かんきょう》は多彩《たさい》を極《きわ》め、さらに肉食《にくしょく》のけものやヘビ等《など》、卵《たまご》やヒナを食《た》べようとする動物《どうぶつ》の数《かず》も日本《にほん》とは比《くら》べものになりません。

それらたくさんの障害《しょうがい》から大切《たいせつ》な卵《たまご》とヒナを守《まも》るべく鳥《とり》の巣《す》は工《く》夫《ふう》をこらされ、精緻《せいち》を極《きわ》めていくわけです。

ではそんな外国《がいこく》の鳥《とり》の巣《す》をすこし見てみましょう。

まずは小林桂助先生《こばやしけいすけせんせい》のお宅《たく》で見た巣《す》から……。

キムネコウヨウジャク

もしも、テレビで「今週《こんしゅう》の鳥《とり》の巣《す》トップ10」とか、「ベストヒット鳥《とり》の巣《す》」のような番組《ばんぐみ》があったとしたら、このキムネコウヨウジャクは常《つね》に上位《じょうい》に位置《いち》するのではないかと思《おも》われるくらい、誰《だれ》が見てもその精巧《せいこう》な作りと形《かたち》で驚《おどろ》くことうけあいのインパクトの強《つよ》い鳥《とり》の巣《す》なのです。

ハタオリドリ科《か》と呼《よ》ばれる鳥《とり》で、この科《か》の鳥《とり》は主《おも》にアフリカに多《おお》いのですが、キムネコウヨウジャクは中国《ちゅうごく》から東南《とうなん》アジアにかけてすんでいます。鳥《とり》は全長約《ぜんちょうやく》二三cm、巣《す》は約《やく》五〇cm以上《いじょう》、ヤシの葉《は》を

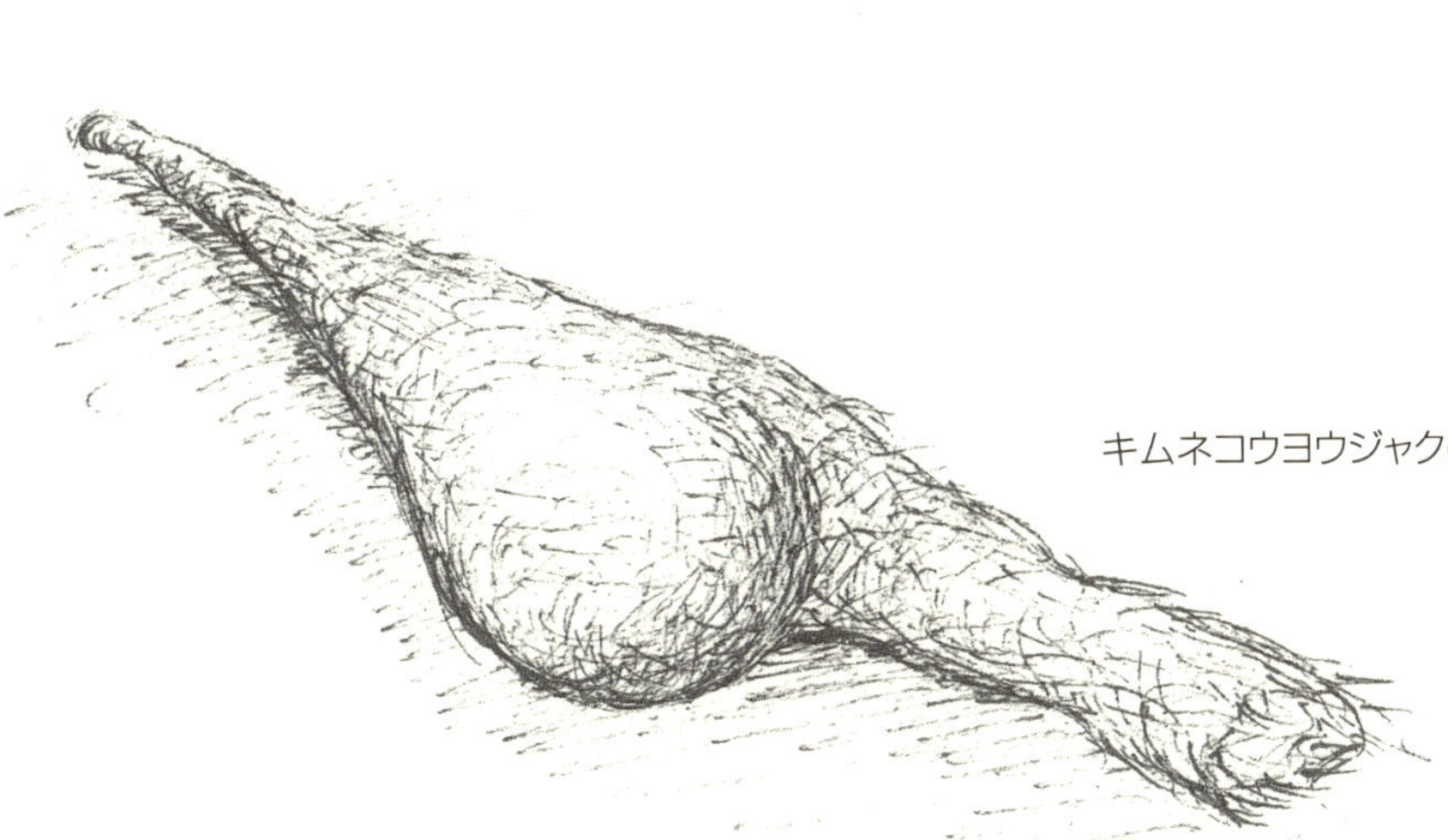

キムネコウヨウジャクの巣

③　②　①

——キムネコウヨウジャクの巣作り——

細《ほそ》く裂《さ》いてカゴのように編《あ》んで作ってあります。

カゴのようにと書《か》きましたが本当《ほんとう》に竹《たけ》かごのようにできていて、ちょっとやそっとでは壊《こわ》れない鳥《とり》の巣《す》なのです。

巣《す》は水辺《みずべ》の上にのびたような高《たか》い木の枝先《えださき》に、ぶらさげて作ってあり、かんたんには近《ちか》づけません。

こんな不思議《ふしぎ》な巣《す》をどうやって作るのかというと、これがまた驚《おどろ》きなのです。

この巣《す》はオスが作ります。

①まずオスはヤシの葉《は》を細《ほそ》く裂《さ》くと、枝《えだ》の先《さき》にからめていき、輪《わ》っかを作ります。

②次《つぎ》に、その輪《わ》にサーカスの空中《くうちゅう》ブランコの人のようにとまり、上からコチャコチャと編《あ》んでいくのです。ここで威力《いりょく》を発揮《はっき》するのがくちばしです。あっちへ押《お》しこんだり、こっちへひっぱりだしたりして編《あ》んでいくのです。③輪《わ》にとまって首《くび》をのばしてとどく範囲《はんい》を編《あ》んでいくので、結果的《けっかてき》にきれいな曲面《きょくめん》ができるわけです。こうして半分《はんぶん》まで編《あ》んでいくと、さらにここから新《あら》たな驚《おどろ》きが待《ま》ち受《う》けているのです。

④オスがヘルメットのような形《かたち》まで編《あ》むと、そこへメスがやって

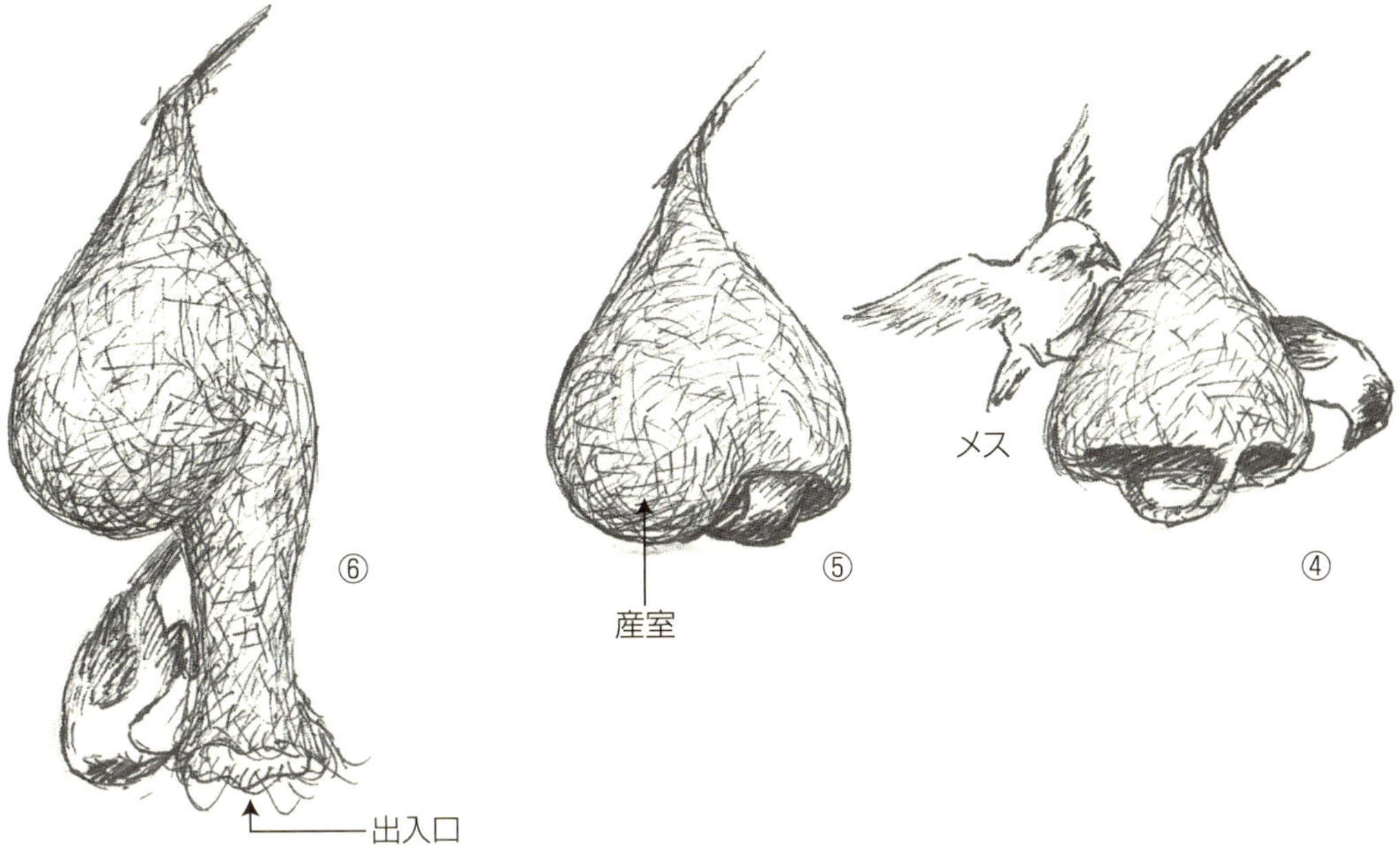

きます。そしてオスの作りかけている巣《す》を点検《てんけん》するのです。
しっかり枝《えだ》にまきつけられているか、きっちり編《あ》んであるか、輪《わ》が切《き》れかかっていないか、等々《などなど》。厳《きび》しくチェックするわけです。そして、メスは上手《じょうず》に巣《す》を作っているオスをダンナさんに選《えら》ぶのです。
これはやはり、鳥《とり》の巣《す》は大切《たいせつ》な卵《たまご》やヒナが育《そだ》つ場《ば》なので、卵《たまご》を温《あたた》めているとき、雨《あめ》や風《かぜ》で巣《す》が壊《こわ》れてしまったりヒナが落《お》ちてしまっては困《こま》るからです。
しっかりした巣《す》を作ることがオスの仕事《しごと》なわけです。どこぞの人《にん》間《げん》のように、お金《かね》のために手《て》を抜《ぬ》いてビルの鉄筋《てっきん》を抜《ぬ》いてしまうなんて不届《ふとど》き千万《せんばん》、考《かんが》えられないことなのです。
⑤上手《じょうず》に巣《す》を作り、メスに気《き》にいられたオスはひき続《つづ》き仕事《しごと》を再《さい》開《かい》します。輪《わ》にとまって片側《かたがわ》を自分《じぶん》のとまっている輪《わ》のところまで編《あ》み、ふさいでしまいます。こちらがわが産室《さんしつ》になります。⑥そしてもう一方《いっぽう》を筒状《つつじょう》にして下にのばしていくと、この不思議《ふしぎ》な形《かたち》の巣《す》になるというわけです。メスは穂《ほ》などやわらかな巣材《すざい》を入れ、卵《たまご》を産《う》みます。
内部《ないぶ》がどうなっているかと、半分《はんぶん》に切《き》ってみました。最初《さいしょ》に作った輪《わ》が、産室《さんしつ》と出入《でい》り口《ぐち》とのあいだの壁《かべ》になっています。ですから

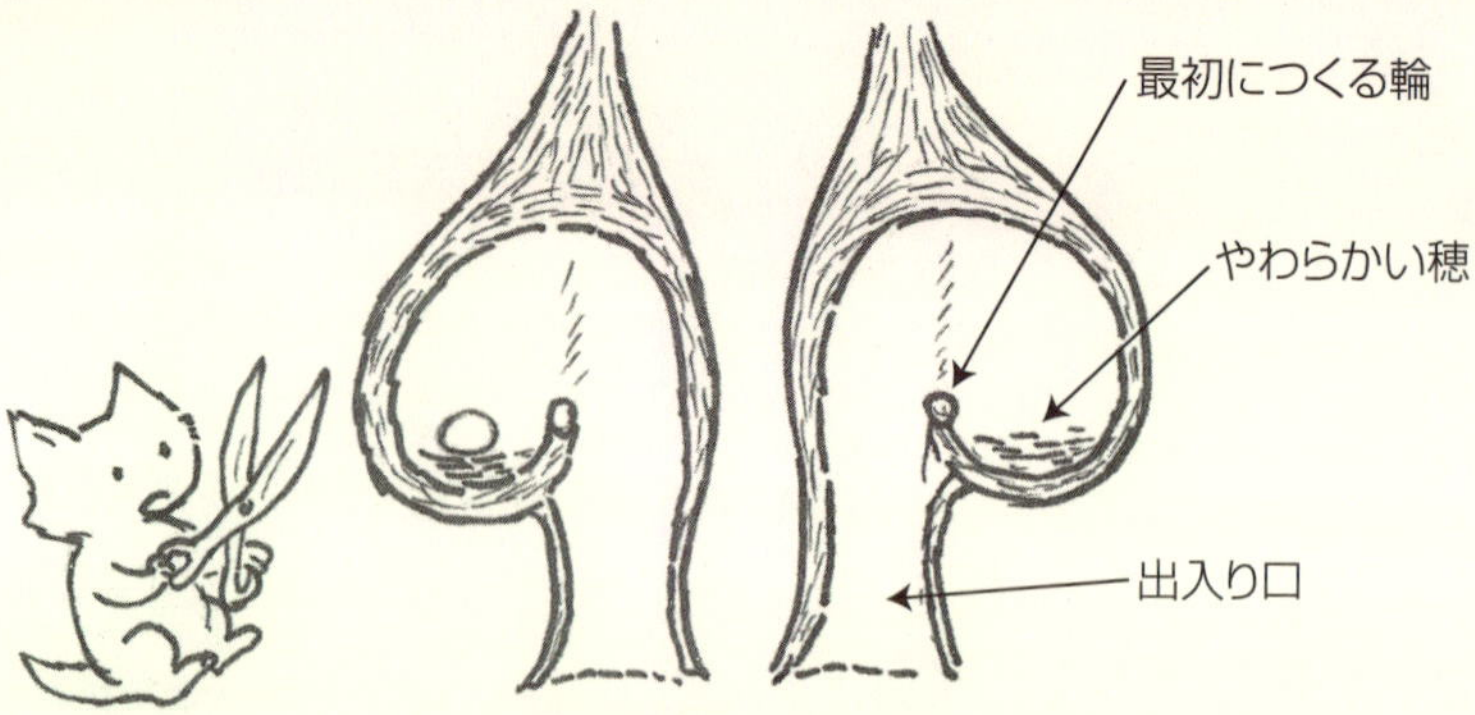

卵《たまご》は風《かぜ》に揺《ゆ》れても出入《でい》り口《ぐち》からころがっていかないのです。その精《せい》巧《こう》な作りはただただ驚《おどろ》くばかりです。

さらに、中に土の塊《かたまり》がついていることがあります。これは風《かぜ》で巣《す》が揺《ゆ》れないようにするための重《おも》りのようです。よく、そこまで、と感心《かんしん》します。

では、メスに気《き》にいられなかったオスはどうなるのかというと、もう一度《いちど》最初《さいしょ》からやりなおしなわけで、また枝先《えださき》に輪《わ》をつけるところからやるのです。

キムネコウヨウジャクに限《かぎ》らず、多《おお》くのハタオリドリ科《か》の鳥《とり》は、集団《しゅうだん》で暮《く》らすことがよくあり、一か所《しょ》にいっしょに巣作《すづく》りをします。そんなわけで、一本《ぽん》の木にしっかりできた完成品《かんせいひん》の巣《す》と、できそこないの巣《す》がぶらぶらとたくさんぶらさがっている不思議《ふしぎ》な光景《こうけい》が見られます。

このあと、ぼくはアフリカや東南《とうなん》アジアに実際《じっさい》に巣《す》を採取《さいしゅ》しにいくのですが、あそこに鳥《とり》の巣《す》ここにも鳥《とり》の巣《す》、あるわあるわ一本《ぽん》の木に鈴《すず》なり、狂喜乱舞状態《きょうきらんぶじょうたい》になってしまうのであります（ぼくだけですが……）。なかには完成品《かんせいひん》の下に別《べつ》の鳥《とり》がさらに巣作《すづく》りしてしまうということもあり、これはなかなかにまれなものです。さらに、

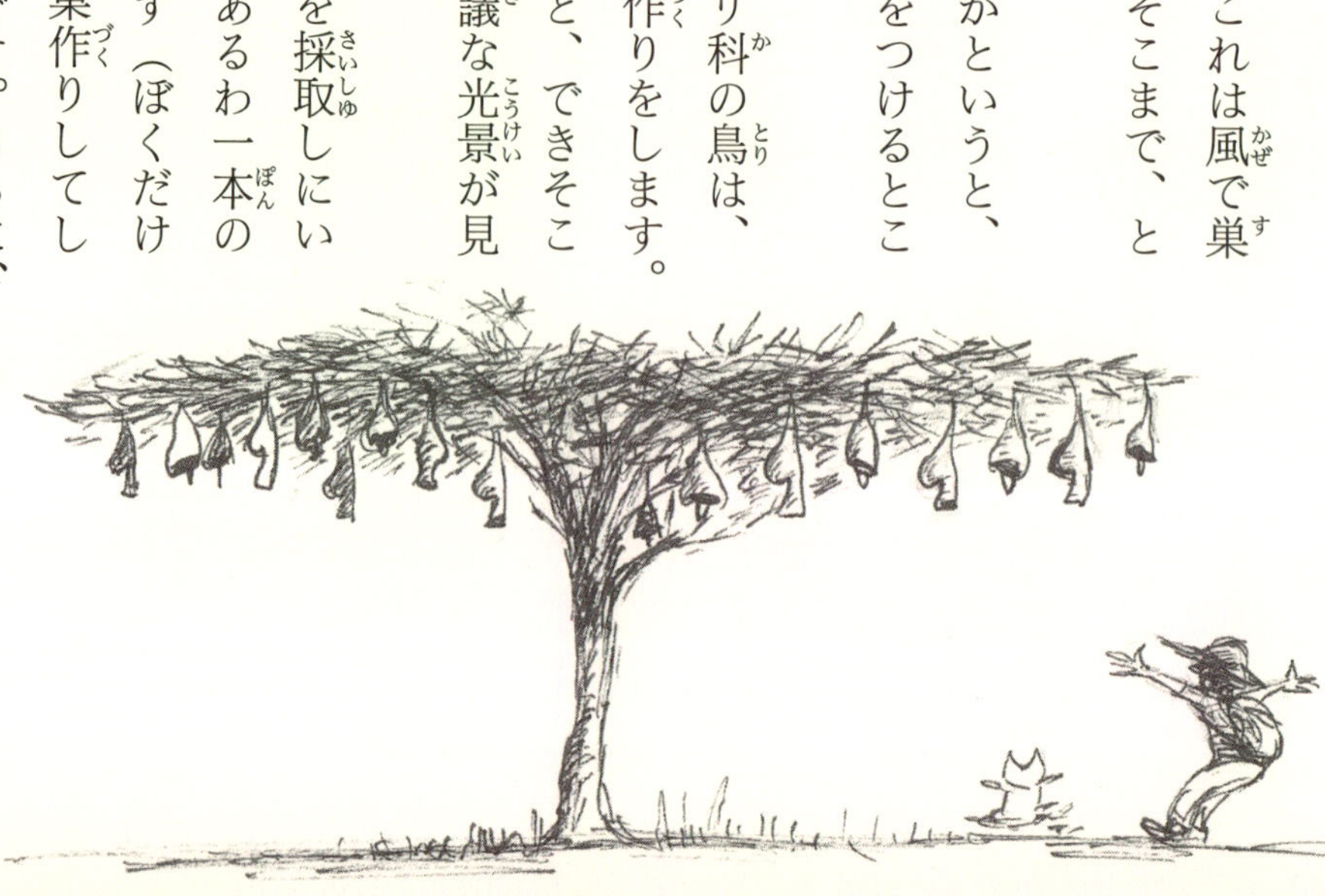

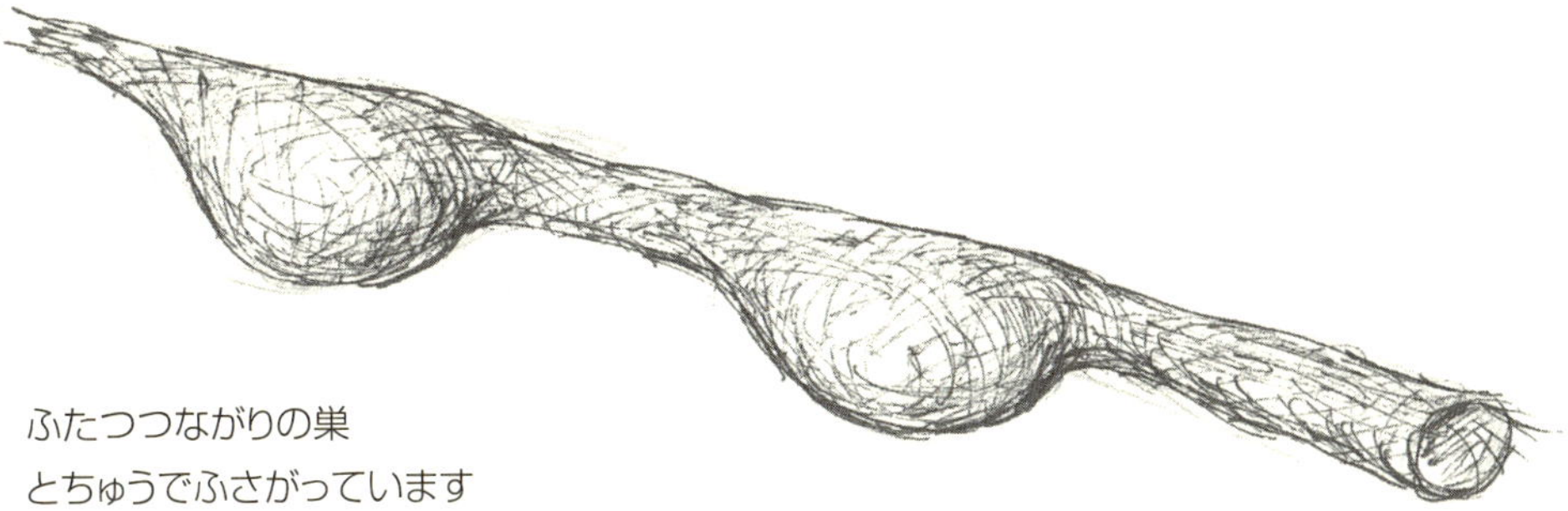

ふたつつながりの巣
とちゅうでふさがっています

アジアやアフリカの奥地《おくち》でなくても、運《うん》がよければ三つつながりの巣《す》もあるようで、ぼくもこれを探《さが》しているのですが、いまだ見つかっていないのです。

このキムネコウヨウジャクの巣《す》の形《かたち》をよく見てください。なにかに似《に》ていると思《おも》いませんか。そう、おなかの中に赤《あか》ちゃんのいる人《にん》間《げん》のお母《かあ》さんのおなかの形《かたち》とそっくりでしょう。

人間《にんげん》は胎生《たいせい》といって、おなかの中で約《やく》十か月《げつ》赤《あか》ちゃんを育《そだ》てます。そうするほうが安全《あんぜん》に子供《こども》を育《そだ》てられるからです。ところが鳥《とり》がそれをやってしまうと、体重《たいじゅう》が重《おも》くなり飛《と》べなくなってしまいます。

鳥《とり》はおなかの中に赤《あか》ちゃん—卵《たまご》—をとどめることはせず、ハ虫類《ちゅうるい》のように外に産《う》みだしてしまうわけです。が、卵《たまご》は自分《じぶん》の力《ちから》で敵《てき》から逃《に》げることはできません。そこで鳥《とり》は、飛《と》べることを利用《りよう》して見つかったり襲《おそ》われにくいところ、木の上やがけの上などに卵《たまご》を産《う》んだのです。

でも、そのままだと見つかりやすいし、ころがって落《お》ちてしまうので、そばにあるもの、たとえば葉《は》っぱなどを、卵《たまご》がころがっていかないように積《つ》んでいき、おわんのような形《かたち》の巣《す》にしたり、もっと積《つ》んでボールのような形《かたち》の巣《す》にしていったのです。

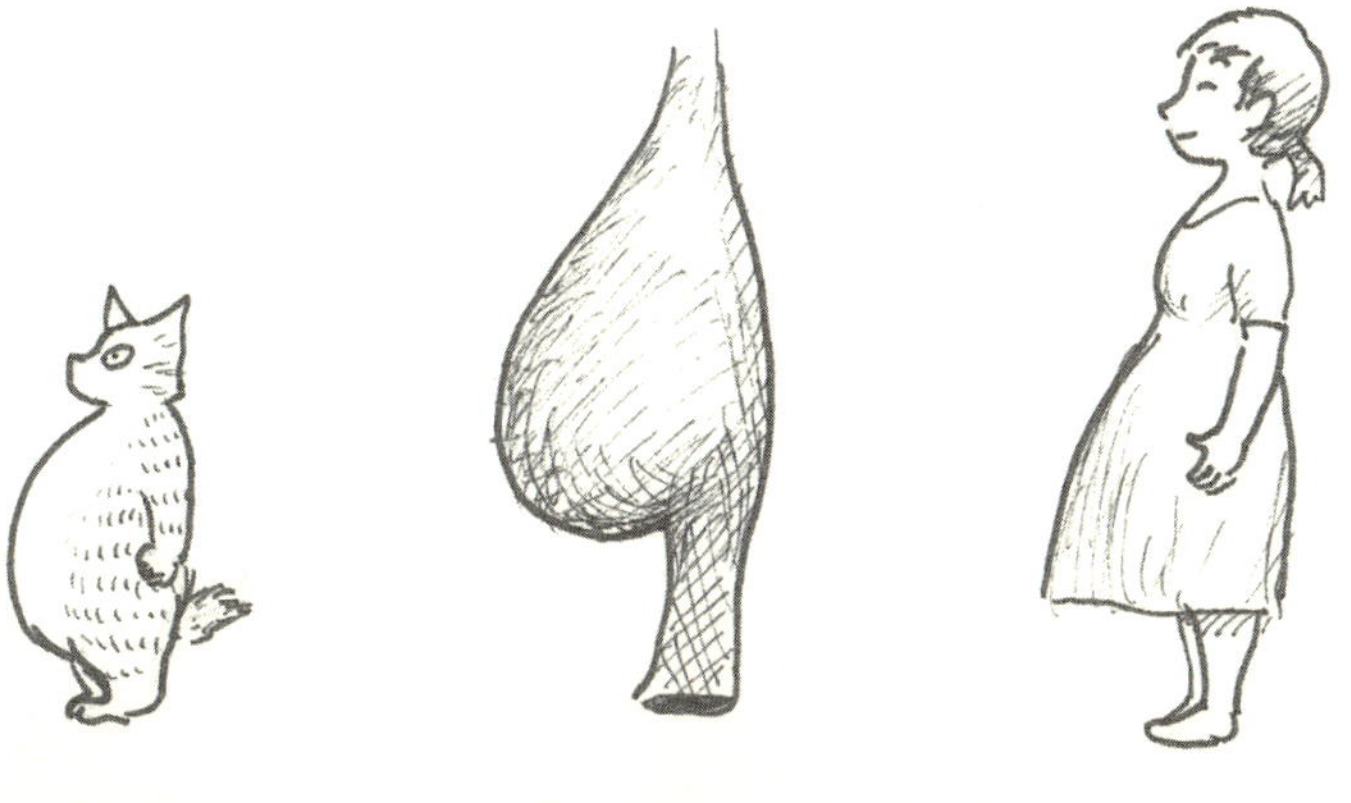

このネコは
ふとっているだけ

オナガサイホウチョウと巣

さらにサルやヘビの多《おお》いところでは、襲《おそ》われないように細《ほそ》い枝《えだ》の先に葉《は》を裂《さ》いてかごのような巣《す》を作るキムネコウヨウジャクがでてきたというわけなのです。

鳥《とり》の巣《す》というのは、あかちゃんを産《う》み、そだてる安全《あんぜん》な場《ば》所《しょ》ということなのです。

オナガサイホウチョウ

名《な》のとおり、サイホウをするのでサイホウチョウです。なんと、葉《は》にくちばしで穴《あな》をあけ、そこにクモの糸《いと》を通《とお》して縫《ぬ》っていき、筒《つつ》状《じょう》にして、その中に細《ほそ》い植物繊維《しょくぶつせんい》をいれ巣《す》を作るという鳥《とり》です。

英語《えいご》名《めい》は Tailorbird《テイラーバード》、つまり仕立《した》て屋《や》さんの鳥《とり》なのです。縫《ぬ》う葉《は》ですが、大きな一枚《まい》の葉《は》を丸《まる》くする場合《ばあい》もあるし、二枚《まい》でサンドイッチにする場合《ばあい》もあるし、三枚《まい》をつなぎあわせることもあります。

(我《わ》が家《や》にあるのは一枚《まい》と三枚《まい》のタイプです)

臨機応変《りんきおうへん》、その状況《じょうきょう》に応《おう》じてうまく縫《ぬ》いあわせていくようです。

ぼくはまだ縫《ぬ》っているところを実際《じっさい》には見ていないのですが、世《せ》界《かい》にただひとつ、英国《えいこく》のBBC《ビービーシー》の撮《と》った映像《えいぞう》があり、それを見るとたしかに細《ほそ》いくちばしで葉《は》に穴《あな》をあけ、器用《きよう》に穴《あな》にクモの糸《いと》をとおし逆側《ぎゃくがわ》からひっぱっていきます。すると、なぜかクモの糸《いと》が玉《たま》になって、しっかりとまってしまうのです。

先日《せんじつ》、マレーシアにいったとき、ふと道《みち》ぞいの葉《は》を見ると、なにか微妙《びみょう》に変《へん》な感《かん》じがします。「あれ、これ」と手にしてみると……。大きなまるまった葉《は》の両側《りょうがわ》に点々《てんてん》と穴《あな》があいています。あきらかにサイホウチョウがあけた穴《あな》です。でも穴《あな》だけ、中に巣《す》はありません。きっとサルがとっていってしまったのです。あーあ、残念《ざんねん》。

しかしまあ、これも貴重《きちょう》な鳥《とり》の巣《す》のひとつと、もちろん日本《にほん》に持《も》ち帰《かえ》りました。

キムネコウヨウジャク、オナガサイホウチョウ、以外《いがい》にも小林先《こばやしせん》生《せい》のお宅《たく》で世界《せかい》の変《か》わった鳥《とり》の巣《す》を見たり、いただいたりしました。しかし、世界中《せかいじゅう》のという意味《いみ》ではごく一部《いちぶ》の鳥《とり》で、もっともっと、いろいろな鳥《とり》の巣《す》があるようです

小林先生《こばやしせんせい》のお持《も》ちの鳥《とり》の巣《す》はどちらかいうとアジアのが多《おお》く、それはお知《し》りあいの学者《がくしゃ》さんにもらったものが多《おお》いようでした。

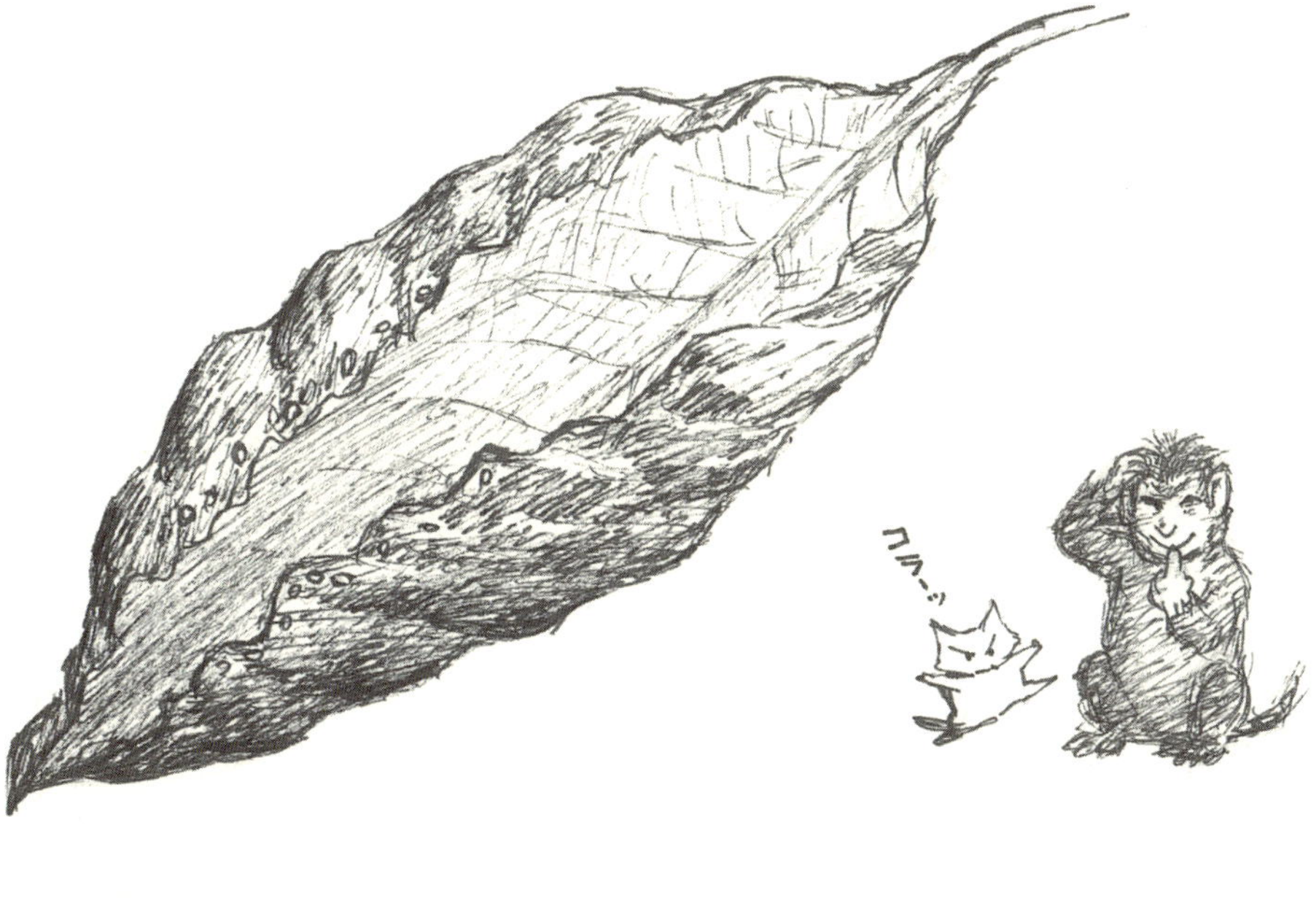

どうやったらもっとほかの国々《くにぐに》、地域《ちいき》の鳥《とり》の巣《す》を知《し》ることができるでしょうか。

もちろん、いろいろな国《くに》にいくのがいちばんなのですが、やみくもにいってもどんな鳥《とり》が、どんな場所《ばしょ》に、どんな巣《す》を作るのか、知《し》らなければ探《さが》しようがありません。さらに日本《にほん》とは時差《じさ》ばかりでなく季節《きせつ》も環境《かんきょう》も違《ちが》います。砂漠《さばく》、熱帯《ねったい》のジャングルなど、いっても巣《す》が見つからないだけでなく、行方不明《ゆくえふめい》になる危険《きけん》もあります。

山階鳥類研究所《やましなちょうるいけんきゅうじょ》にいって世界《せかい》の鳥《とり》の巣《す》を見せていただこうと、また我孫子《あびこ》までいきました。でも探《さが》してくださったのですが、残念《ざんねん》ながら日本《にほん》の鳥《とり》の巣《す》がほとんどで、ものすごく古《ふる》いハタオリドリの巣《す》が数個《すうこ》あるぐらいでした。

はてさてどうしたものかということで、以前《いぜん》小林先生《こばやしせんせい》に教《おそ》わった東京《とうきょう》の神田神保町《かんだじんぼうちょう》の生物関係《せいぶつかんけい》、特《とく》に鳥《とり》と魚専門《さかなせんもん》の書店《しょてん》（なんと名前《なまえ》は鳥海書房《とりうみしょぼう》）や洋書専門店《ようしょせんもんてん》へいき、一冊《さつ》一冊《さつ》見て探《さが》すことから始《はじ》めました。

洋書《ようしょ》に鳥《とり》の巣《す》の写真《しゃしん》がでているかというと、これがまた不確実《ふかくじつ》です。鳥《とり》ばかりで巣《す》が全然《ぜんぜん》でていないのもあれば、卵《たまご》やヒナがいる巣《す》の写真《しゃしん》がたくさんでているのもあり、結局《けつきょく》一冊《さつ》一冊《さつ》見ていくしかな

いわけです。一万円《まんえん》もするようなぶ厚《あつ》い本にものすごい変《か》わった巣《す》が一枚《まい》でていたりして、「この一枚《まい》の写真《しゃしん》のためにこれを買《か》うか、どうか」としばし迷《まよ》ったあげく、結局《けっきょく》重《おも》い本をかかえて家路《いえじ》につくのでした。

こうしてすこしずつ、海外《かいがい》の鳥《とり》の巣《す》の知識《ちしき》をふやしていきました。

アフリカの鳥《とり》の巣《す》

そんなある日《ひ》、日本《にほん》の本で「東《ひがし》アフリカの鳥《とり》」（文一総合出版《ぶんいちそうごうしゅっぱん》）という本を見つけました。文《ぶん》・写真《しゃしん》・小倉寛太郎《おぐらひろたろう》さんという方《かた》です。見るとたしかに二百種以上《しゅいじょう》の東《ひがし》アフリカの鳥《とり》の写真《しゃしん》と和名《わめい》・英《えい》名《めい》・ラテン名《めい》、鳥《とり》の特徴《とくちょう》や生態《せいたい》が細《こま》かく書《か》かれています。

これだけの鳥《とり》の写真《しゃしん》をこんなにうまく撮《と》るなどというのは一度《ど》や二度《ど》アフリカにいってできるものではありません。日本《にほん》でもこんな人がいるのかと、またまた未知《みち》なる扉《とびら》がぽっかりと大きな口をあけて目の前に現《あらわ》れてきた感《かん》じです。

しかし巣《す》はでていません、一枚《まい》も。

ヒナにエサをあげるモズ

ちょうど、そのころ絵本《えほん》の仕事《しごと》をしていた出版社《しゅっぱんしゃ》の近《ちか》くの出版社《しゅっぱんしゃ》の本《ほん》だったので、仕事《しごと》のついでに寄《よ》ってみることにしました。

受付《うけつけ》にいき、「すみません、この本の人でもっと鳥《とり》の巣《す》がでている本はないでしょうか」とたずねると、「ウーンないですねえ、鳥《とり》の巣《す》の写真《しゃしん》をだすと抗議《こうぎ》されたりすることがあるので、ださないようにしているのですよ」とのことです。

これは、山階鳥類研究所《やましなちょうるいけんきゅうじょ》でもいっていましたが、鳥《とり》の巣《す》にいる鳥《とり》のヒナや卵《たまご》の写真《しゃしん》を写《うつ》そうと巣《す》のまわりの植物《しょくぶつ》を切《き》ったり、巣《す》に近《ちか》づいたりして親鳥《おやどり》をこわがらせることはやめよう、ということが、鳥《とり》の巣《す》は見ない、ことにつながり、日本《にほん》では鳥《とり》の巣《す》や卵《たまご》を写《うつ》した本などに抗議《こうぎ》するという一部《いちぶ》の人達《たち》がいるということです。

自然《しぜん》の環境《かんきょう》を大切《たいせつ》にするということは、知《し》らなくてよいということにはつながらないと思《おも》うのですが、いらぬ文句《もんく》をいわれることをさけて、掲載《けいさい》しないのでしょう。しかたのないことです。

「そうですか、残念《ざんねん》」と、出版社《しゅっぱんしゃ》をあとにしたわけですが、五歩《ほ》くらい歩《ある》いてふと気《き》がつきました。「本になってないけど巣《す》の写真《しゃしん》を撮《と》っているかもしれない」そうだ、きっとそうに違《ちが》いないと、ほとんど確信的《かくしんてき》に思《おも》いこんでしまい、また受付《うけつけ》の人のところにもどった

クロガシラシュウダンハタオリ

ズグロウロコハタオリ

小倉さんのところにあった鳥の巣

のです。

「本にでてないけど鳥《とり》の巣《す》の写真《しゃしん》を撮《と》ってるんじゃないでしょうか」「うーんそうですねえ、わからないから、直接《ちょくせつ》ご本人《ほんにん》に聞《き》かれたら」ということで、帰宅後《きたくご》、とつぜんで失礼《しつれい》とは思《おも》いながらも、鳥《とり》の巣《す》のことをうかがいたい一心《いっしん》で、電話《でんわ》したのです。

例《れい》によって「鳥《とり》の巣《す》が大好《だいす》きで、これこれこうで、写真《しゃしん》を撮《と》られていたら、ぜひ見せていただけないでしょうか」というようなこちらの電話《でんわ》に対《たい》し、「あーっ、ありますあります。どうぞいらっしゃい」という温《あたた》かいお言葉《ことば》に誘《さそ》われ、またまたいさんでバサラ山《やま》をあとにしたのであります。

いただいた地図《ちず》をたよりに無事到着《ぶじとうちゃく》。小倉《おぐら》さんはがっちりした体《たい》格《かく》で、でもとてもやさしい目をした、ダンディーな紳士《しんし》という雰囲《ふんい》気《き》の方《かた》でした。

玄関《げんかん》を入ってすぐがフィルムを置《お》いてある部屋《へや》で、そのフィルムの量《りょう》たるや……大変《たいへん》なものです。で、それよりなにより、ぼくの目に飛《と》びこんできたのが、壁《かべ》に、なんと本物《ほんもの》の鳥《とり》の巣《す》がピンでとめてあるではありませんか。

「オーッ」と、思《おも》わずかけより、「な、な、なんの鳥《とり》の巣《す》ですか」

ムネアカオナガタイヨウチョウと巣
（小倉さんの写真より）

と聞《き》くと「あ、ハタオリドリの巣《す》ですよ」とのこと。

そうか、これだったのか、とくいいるように見つめるぼくを、「まあまあお茶《ちゃ》でも」と応接間《おうせつま》に案内《あんない》してくれたのであります。

ここで小倉《おぐら》寛太郎《ひろたろう》さんのプロフィールを、その御著書《ごちょしょ》から紹介《しょうかい》しましょう。

一九三〇年《ねん》、台湾《たいわん》に生まれる。東《ひがし》アフリカ研究家《けんきゅうか》、写真家《しゃしんか》。東大卒業後《とうだいそつぎょうご》、航空会社《こうくうがいしゃ》の支店長《してんちょう》として計《けい》八年半《ねんはん》ケニヤに住《す》む。退《たい》職後《しょくご》、撮影《さつえい》、執筆活動《しっぴつかつどう》を本格化《ほんかくか》。サファリ歴《れき》二八年《ねん》。ケニア・ウガンダの名誉野生生物保全監理官《めいよやせいせいぶつほぜんかんりかん》。タンザニア国立公園庁指名庁友《こくりつこうえんちょうしめいちょうゆう》。（中略《ちゅうりゃく》）著書《ちょしょ》に『サバンナの風《かぜ》』『写真集《しゃしんしゅう》サバンナの光《ひかり》』がある。

という方《かた》なのです。

それから、小倉《おぐら》さんのアフリカでの生活《せいかつ》や鳥《とり》や動物《どうぶつ》の楽《たの》しいお話《はなし》をうかがったり、シュモクドリやタイヨウチョウといったアフリカの鳥《とり》の写真《しゃしん》を見せてもらいました。

「アフリカから持《も》ち帰《かえ》った民芸品《みんげいひん》などをバザーで売《う》ってアフリカの人達《たち》の役《やく》に立《た》てている」という話《はなし》になり、「あの鳥《とり》の巣《す》も欲《ほ》しい人がいたら売《う》るつもりだ」「買《か》います！」と返事《へんじ》の早《はや》いこと早《はや》いこと。

小倉《おぐら》さんは、まさかほんとに鳥《とり》の巣《す》なんて買《か》う人《ひと》はいないと思《おも》っていたようで、「ええっ、ほんとに欲《ほ》しいの、そんな人いないと思《おも》っていた」とニコニコうれしそうにいうと、「それじゃあ」と箱《はこ》に詰《つ》めてタダでくれちゃったのでした。

まさか本物《ほんもの》のアフリカの鳥《とり》の巣《す》が日本《にほん》で手にはいるとは思《おも》ってもいませんでした。

同じハタオリドリ科《か》でも、キムネコウヨウジャクとは違《ちが》うし、日《に》本《ほん》の鳥《とり》の巣《す》にはないアフリカの鳥《とり》たちの巣《す》の不思議《ふしぎ》な形《かたち》に、世界《せかい》の鳥《とり》の巣《す》に対《たい》するあこがれは、ますます強《つよ》くなってしまいました。

その箱《はこ》をしっかり抱《だ》いてバサラ山《やま》の我《わ》が家《や》へ帰《かえ》ったのですが、新《しん》幹線《かんせん》での車中《しゃちゅう》、頬《ほお》がニマニマしてしようがありませんでした。

そのとき小倉《おぐら》さんから聞《き》いたアフリカの広《ひろ》さや素晴《すば》らしさは、数《すう》年後《ねんご》実際《じっさい》にいってみて、実感《じっかん》することになるのでした。

小倉《おぐら》さんは、その後《ご》、素晴《すば》らしい写真集《しゃしんしゅう》『アフリカの風《かぜ》　サバンナ　生命《せいめい》の日々《ひび》』を出版《しゅっぱん》されたあと、残念《ざんねん》ながら、ご病気《びょうき》で亡《な》くなられました。心《こころ》よりご冥福《めいふく》をお祈《いの》り申《もう》し上《あ》げます。

小倉さんのアフリカのお友だちが
送ってくれた巣

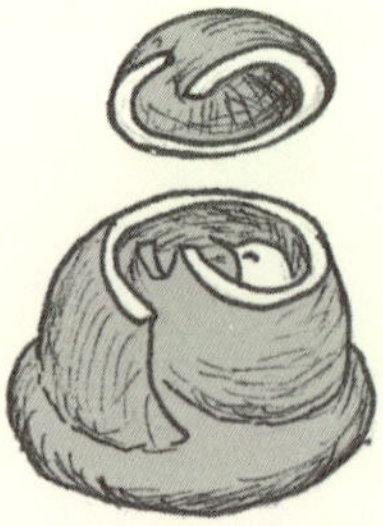

中はこうなっています

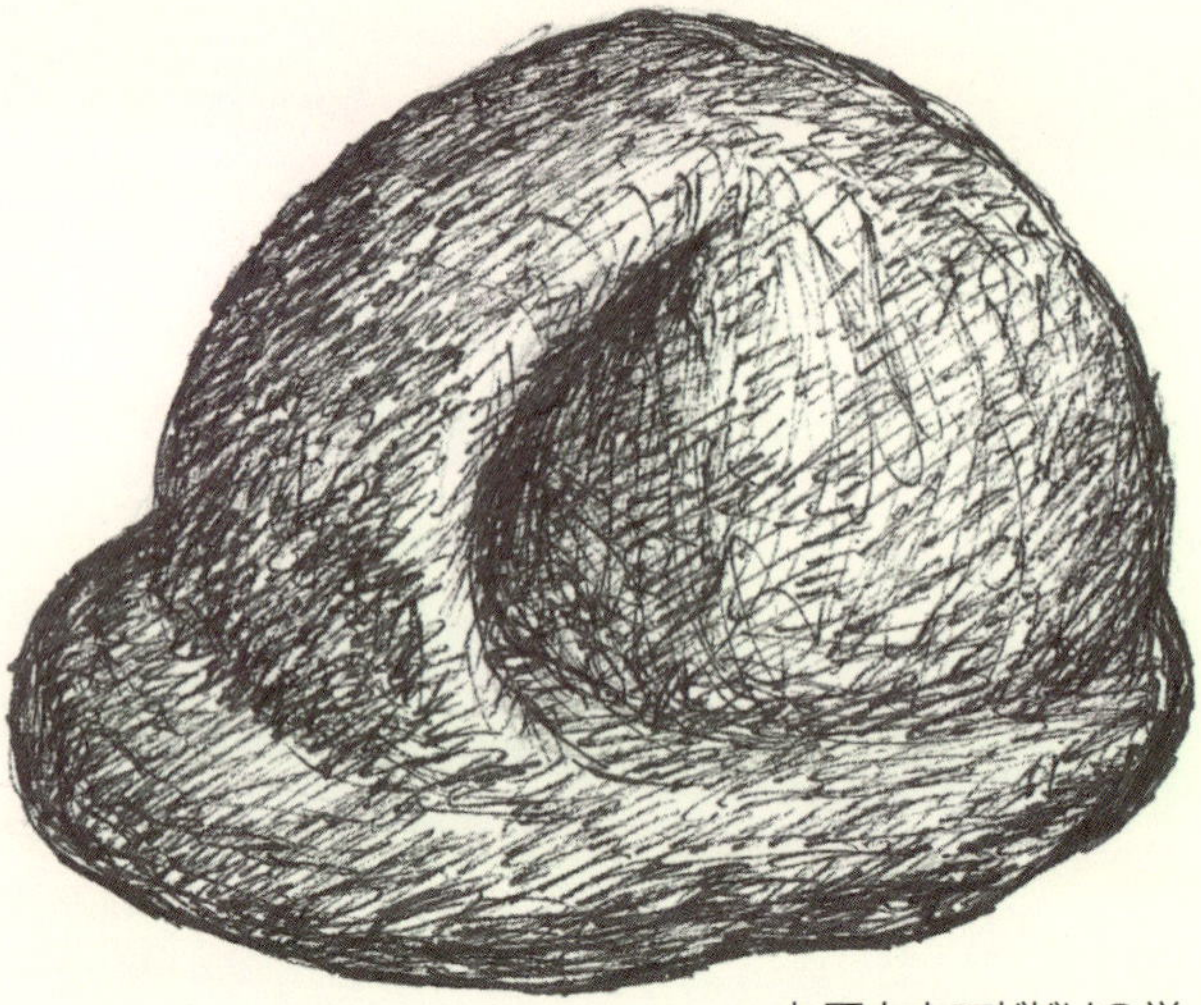

セアカカマドドリの巣

新《あら》たな発見《はっけん》

鳥《とり》の巣《す》の展示会《てんじかい》も回《かい》を重《かさ》ね、新《あら》たに鳥《とり》の巣《す》の本も二冊《さつ》できました。ぼくが鳥《とり》の巣《す》を集《あつ》めていることを知《し》る人も増《ふ》えたのか、タイにいったときこんな巣《す》がありました、とキムネコウヨウジャクを持《も》ってきてくれる人がいたり、アルゼンチンに住《す》んでいるとき見つけたとセアカカマドドリの巣《す》をくれた人もいます。そのほか、動物園《どうぶつえん》や公園《こうえん》などで飼育《しいく》されている外国《がいこく》の鳥《とり》の巣《す》を集《あつ》めにいったりと、あちらこちらからすこしずつ、いろいろな巣《す》を集《あつ》めてきました。

洋書等《ようしょなど》での写真《しゃしん》や知識《ちしき》も増《ふ》えて、だんだんと世界《せかい》の鳥《とり》と鳥《とり》の巣《す》の全体像《ぜんたいぞう》が見えてきました。

日本《にほん》の鳥《とり》で「鳥《とり》の巣《す》の本」を作ったように、世界《せかい》の鳥《とり》の巣《す》で、場《ば》所《しょ》や形《かたち》で分類体系化《ぶんるいたいけいか》した世界《せかい》でも初《はつ》の「世界《せかい》の鳥《とり》の巣《す》の本」を作ろうという気持《きも》ちになっていきました。

が、まだまだ漠然《ばくぜん》としていて五里霧中《ごりむちゅう》（後漢書《ごかんじょ》――広《ひろ》さ五里《ごり》にもわたる深《ふか》い霧《きり》の中にいるように現在《げんざい》の状態《じょうたい》がわからず見通《みとお》しや方針《ほうしん》のたたないこと）というか、井《い》の中のかわず大海《たいかい》を知《し》らずというか、

もうひとつ実態《じったい》がつかめないままの状態《じょうたい》でした。

たとえば、洋書《ようしょ》に、

「シュモクドリは五〇㎝くらいの鳥《とり》ですが、巣《す》は、巨大《きょだい》なドーム型《がた》の構築物《こうちくぶつ》で、木の叉《また》やがけに小枝《こえだ》を集《あつ》める。大きくなるにつれ逆《ぎゃく》ピラミッド型《がた》になり正面《しょうめん》にV字《ヴィじ》型《がた》のきれこみのある深《ふか》いカップを作る。このV字《ヴィじ》型《がた》の部分《ぶぶん》は最終的《さいしゅうてき》に入《い》り口《ぐち》トンネルになる。コーサ族《ぞく》の言《い》い伝《つた》えでは、この巣《す》の中には三つの部屋《へや》があり、ひとつは食事《しょくじ》する部屋《へや》、ひとつは卵《たまご》をかえす部屋《へや》、もうひとつは娯楽室《ごらくしつ》だという。

両《りょう》サイドと後《うし》ろはアーチ状《じょう》にせりだし、合体《がったい》して大きな空洞《くうどう》をおう屋根《やね》となる。この屋根《やね》の厚《あつ》さは一mになることもある。巣《す》の材《ざい》料《りょう》は枝《えだ》、草《くさ》、泥《どろ》、古《ふる》い骨《ほね》、腐肉《ふにく》、皮《かわ》、糞《ふん》、動物《どうぶつ》の死骸《しがい》……」。

と、あったりするわけです。これが鳥《とり》の巣《す》?・?・?　いったいなにこれ?　といいたくなります。文章《ぶんしょう》だけで写真《しゃしん》も絵《え》もないので、巣《す》の形《かたち》のけんとうもつかないのです。

そんなある日、洋書《ようしょ》の棚《たな》に「Bird《バード》・Egg《エッグ》・Feather《フェザー》・Nest《ネスト》」という画集《がしゅう》を見つけました。

見ると油絵《あぶらえ》でいろいろな鳥《とり》、卵《たまご》、羽《はね》、そして巣《す》が、デザイン化《か》した飾《かざ》り文様等《もんようなど》とともに描《えが》いてあるではありませんか。しかも巣《す》も卵《たまご》も羽《はね》も、あきらかに実物《じつぶつ》を見てスケッチしているのがわかります。買《か》い求《もと》めて見ると作者《さくしゃ》はMaryjo Koch─マリヨ・コッホ、アメリカの女性《じょせい》のようです。

もちろん、絵《え》にする視点《してん》や表現《ひょうげん》は違《ちが》いますが、鳥《とり》や巣《す》が好《す》きというのは絵《え》を見れば、ありありとうかがえます。ぼくと同《おな》じような人がいるんだ、と友達《ともだち》を見つけたようにうれしくなってしまいました。

さっそく、「ぼくは日本《にほん》に住《す》んでいて鳥《とり》の巣《す》が好《す》きで、これこれこうで、こんなの描《か》いてます」といったような手紙《てがみ》をいれ、ぼくの今《いま》まで作った絵本《えほん》三冊《さつ》と、絵《え》ハガキ四組《くみ》二四枚《まい》を小包《こづつみ》にして、住所《じゅうしょ》はわからないので、その出版社《しゅっぱんしゃ》の担当《たんとう》の人宛《あて》に著者《ちょしゃ》に転送《てんそう》してくださいと送《おく》ったのです。

それから、どのくらいたったでしょう。

ある日郵便《ゆうびん》ポストに、渋《しぶ》くておしゃれな封筒《ふうとう》の外国郵便《がいこくゆうびん》がはいっています。表《おもて》に鳥《とり》の巣《す》の絵《え》が印刷《いんさつ》されMaryjo《マリヨ》 Koch《コッホ》となっているではありませんか。

いそいで封《ふう》を切《き》って中を見ると……、英語《えいご》で次《つぎ》のようなことが書《か》いてありました。

「こんにちはマモル。あなたの本《ほん》と絵《え》ハガキどうもありがとう。と

ってもす素敵《すてき》です。（いやあどうもどうも）あなたが私《わたし》と同《おな》じように鳥《とり》と巣《す》が好《す》きなことがわかります。きっとやさしい人なのでしょうね。（いやあそれほどでもないですけど……）」

　そしてここからが重要《じゅうよう》なのです。

「私《わたし》はあの本を描《か》くのにＷestern《ウェスタン》 Ｆoundation《ファウンデーション》 of《オブ》 Ｖertebrate《バータブラット》 Ｚoolozy《ズーロジー》（以下《いか》ＷＦＶＺ《ダブリュエフヴィゼット》）にいってたくさん取材《しゅざい》をしました。そこのパンフレットを同封《どうふう》します。もし、あなたがアメリカにきたら、ここにいきたくなるでしょう……（後略《こうりゃく》）。」

　で、そのＷＦＶＺのパンフレットがはいっていたのであります。それは三〇cmくらいの紙《かみ》の四つ折《おり》で表紙《ひょうし》にはたくさんの卵《たまご》の写真《しゃしん》、開《ひら》くと明《あか》るい室内《しつない》の写真《しゃしん》、たくさんの白《しろ》いロッカー、その上に鳥《とり》の剝製《はくせい》がたくさんならんでいます。大きな壁《かべ》には広《ひろ》い青空《あおぞら》をペリカンが飛《と》んでいる絵《え》。図書室《としょしつ》の棚《たな》の前《まえ》で本《ほん》を持《も》っている女《おんな》の人の写真《しゃしん》もでています。

　中を読《よ》むと、地図《ちず》と住所《じゅうしょ》そして……。

収蔵物《しゅうぞうぶつ》

　ＷＦＶＺは二五万点以上《まんてんいじょう》の科学的標本《かがくてきひょうほん》を所蔵《しょぞう》している北《きた》アメリカで五番目《ばんめ》に大きな鳥類学《ちょうるいがく》の研究所《けんきゅうじょ》です。

卵《たまご》は約《やく》一八万《まん》セット（百万個《まんこ》以上《いじょう》）。これは世界一《せかいいち》のコレクションです。そして三千六百種以上《しゅいじょう》の鳥《とり》の卵《たまご》、そして三千八百種《しゅ》五万《まん》三千体以上《たいいじょう》の鳥《とり》の剝製《はくせい》、そして（なんと）一万《まん》八千《せん》の鳥《とり》の巣《す》、これは世界最大《せかいさいだい》のコレクションです。

とうとうというか、そうかこれか、というのがでてきたわけです。

それから何度《なんど》そのパンフレットを見たでしょう。

それこそ穴《あな》のあくほどとはこのことです。そして、マリヨさんにしたのと同《おな》じく、自分《じぶん》の本と絵《え》ハガキをいれ、「自分《じぶん》は鳥《とり》の巣《す》が好《す》きで、これこれこうで、そちらにいって鳥《とり》の巣《す》を見たいのですが」と手紙《てがみ》を書《か》きました。

それから何週間《なんしゅうかん》たったでしょう。

白《しろ》いきれいな封筒《ふうとう》の外国郵便《がいこくゆうびん》がポストにはいっているではありませんか。Western Foundation of Vertebrate Zoology《ウェスタン ファウンデーション オブ バータブラット ズーロジー》とあります。

いそいで封《ふう》をあけると、

「こんにちはマモル

我々《われわれ》はあなたの本と絵《え》ハガキ、展覧会《てんらんかい》の写真《しゃしん》を受《う》けとり、とてもうれしいです。あなたの絵《え》は美《うつく》しいとみながいっています。（いやはや、どうも……）我々《われわれ》はあなたにここのコレクションを見てもら

えることができたらとてもうれしいです。
ありがとう、お元気《げんき》で。館長《かんちょう》　エド・ハリスン」とあります。

ウーンよしっ、いこう。アメリカでもどこでも、鳥《とり》の巣《す》求《もと》めていこうじゃないか。

ということで今度《こんど》は、いついったらいいか？　どうやっていくのか？　開館時間《かいかんじかん》は？　休館日《きゅうかんび》はあるのか？　近所《きんじょ》にホテルはあるか？　手紙《てがみ》を書《か》いたのです。

するとまた返事《へんじ》がきました。今度《こんど》はオフィスマネージャー、Jon《ジョン》 C《シー》・フィッシャーという人です。

「ロスアンゼルス空港《くうこう》からシャトルバスがあります。ホテルも高《たか》いのから安《やす》いのまでいろいろあります。月曜《げつよう》から金曜《きんよう》、朝《あさ》九時《じ》―夕方《ゆうがた》五時《じ》まで開《あ》いています。絵《え》を描《か》くのも写真《しゃしん》を撮《と》るのも自由《じゆう》です」

すぐに飛行機《ひこうき》のチケットをとり、近《ちか》そうなホテルをネットで予約《よやく》し、そのときに作っていた「世界《せかい》の鳥《とり》の巣《す》の本」のダミー（見本《みほん》）と、見たい鳥《とり》の巣《す》や卵《たまご》のリストを持《も》ってバサラ山《やま》をあとにし、いざ成田空港出発《なりたくうこうしゅっぱつ》ロビーへ、というところが、この本のプロローグの場《ば》面《めん》です。

WFVZ

日本《にほん》を発《た》って約《やく》十時間《じかん》、西海岸《にしかいがん》ロスアンゼルスについたのは現地《げんち》時間《じかん》の昼《ひる》すぎごろ。入国審査《にゅうこくしんさ》をすませ、いざアメリカ本土上陸《ほんどじょうりく》です。

シャトルバスというから日本《にほん》のバスのようなものと思《おも》っていたら、同《おな》じような方向《ほうこう》にいく人達《ひとたち》を一緒《いっしょ》に乗《の》せ、あっちいっては降《お》ろし、こっちいって降《お》ろしていく乗《の》りあいタクシーみたいなものでした。

みんなでペチャクチャ親《した》しげに話《はな》しているので、みんな知《し》りあいかと思《おも》ったら、お客《きゃく》さんは一人《ひとり》減《へ》り二人《ふたり》減《へ》り、とうとうぼく一人《ひとり》になりました。

ぼくはカタコトの英語《えいご》で運転手《うんてんしゅ》さんに、これから鳥《とり》の研究所《けんきゅうじょ》にいって絵《え》を描《か》くのだとか、話《はな》したのですが、通《つう》じたんだかどうだかわかりません。

広《ひろ》い広《ひろ》い土地《とち》と広《ひろ》い道《みち》を車《くるま》は猛《もう》スピードで走《はし》り続《つづ》けます。

エントツのある大型《おおがた》トラックやトレーラーが猛《もう》スピードで走《はし》っていて昔見《むかしみ》たアメリカ映画《えいが》と同《おな》じです。

車《くるま》は途中《とちゅう》、ガソリンをいれるため荒野《こうや》の中《なか》にポツンとある無人《むじん》の

ガソリンスタンドに立《た》ち寄《よ》りました。運転手《うんてんしゅ》さんがガソリンをいれているあいだ、こんな砂漠《さばく》みたいなところの先《さき》にほんとにＷＦＶＺはあるのだろうか……と、すこしだけ心配《しんぱい》になりましたが、えーい、なるようになれです。

こうしてなんとか予約《よやく》したホテルに着《つ》いたのは夕方《ゆうがた》でした。とりあえずシャワーを浴《あ》びて、近《ちか》くの道路《どうろ》沿《ぞ》いの小さなレストランでビールを飲《の》んだのであります。

鳥《とり》の巣《す》求《もと》めて日本《にほん》からはるか九千キロ、いよいよ明日《あした》はＷＦＶＺです。

時差《じさ》ボケもあり、なかなか眠《ねむ》れず、寝《ね》たと思《おも》ったら予約《よやく》しておいたタクシーの運転手《うんてんしゅ》さんに電話《でんわ》でたたき起《お》こされました。

「Are《アー》 you《ユー》 ready《レディー》？　Let's《レッツ》 go《ゴー》!」（用意《ようい》はいいか？　いくぞ）

「はいはい、いきます、すぐいきます」

ぼくはスケッチブックやカメラを持《も》ってタクシーに飛《と》び乗《の》りました。

そして住宅地《じゅうたくち》の中を走《はし》ること数分《すうふん》、タクシーは道路《どうろ》沿《ぞ》いにとまりました。車《くるま》を降《お》りると、オー、そこにはコッホさんにもらったパンフレットにある写真《しゃしん》そのままの白《しろ》い建物《たてもの》があるではありませんか。

とうとう着《つ》いたのです、世界有数《かいゆうすう》の鳥《とり》の研究所《けんきゅうじょ》。

Western《ウェスタン》 Foundation《ファウンデーション》 of《オブ》 Vertebrate《バータブラット》 Zoology《ズーロジー》

ぼくはきれいなガラス張《ば》りのドアから、そっと中に入りました。

すると眼鏡《めがね》をかけた白人《はくじん》の人がにこにこ笑《わら》ってでてきました。

「Hello《ハロー》, Welcome《ウェルカム》. Nice《ナイス》 to《トゥ》 meet《ミート》 you《ユー》」（以下《いか》、日本語訳《にほんごやく》）。

「やあ、こんにちはマモル。私《わたし》はジョン・フィッシャー。オフィスマネージャーです」と手をさしのべてきたので、ぼくはしっかり握《あく》手《しゅ》しました。手紙《てがみ》で返事《へんじ》をくれた人です。

それからもう一人《ひとり》、南米系《なんべいけい》のちょっと色《いろ》の黒《くろ》い人で眼鏡《めがね》をかけた人もでてきました。

「やあ、よくきたね。私《わたし》はコレクション・マネージャーのレニー・コラドです」

ぼくはレニーさんとも握手《あくしゅ》をしました。

明《あか》るくきれいにかたづけられた室内《しつない》には鳥《とり》や動物《どうぶつ》の剝製《はくせい》がきちんと置《お》かれていて、ここがしっかり機能《きのう》していることがわかります。

二人《ふたり》に続《つづ》いてぼくは部屋《へや》の中へ入っていきました。

ジョンさんの部屋《へや》のようで大きな立派《りっぱ》なテーブルと壁《かべ》の本棚《ほんだな》にはたくさんの本《ほん》がならんでいます。

「ぼくはこんなふうな本を作りたくて、こんな鳥《とり》の巣《す》やこんな卵《たまご》を見せてもらいたいのです」と、日本《にほん》から持《も》っていった絵本《えほん》のダミーや英語《えいご》の鳥《とり》の名《な》のリストを見せました。

レニーさんは、そのリストをひとつひとつ見ながら、

「あー、これはある、うん、これもある。あー、これは。マモル、こっちにきてごらん」といって隣《となり》の部屋《へや》にぼくを連《つ》れていき、

「ここはぼくの部屋《へや》だよ」とドアを開《あ》け、ほらっ、と天井《てんじょう》を指《ゆび》さすと、そこには、なんと、

Crested《クレステッド》 Oropendola《オロペンドラ》、オオツリスドリの巣《す》がぶらさがっているではありませんか！

全長《ぜんちょう》一m五〇cm以上《いじょう》あるでしょうか、中南米《ちゅうなんべい》にすむ鳥《とり》で木の上に枯《か》れ葉《は》を編《あ》んで大きな袋《ふくろ》のような巣《す》を作ります。

「うひゃー、これかあ! Oh《オー》, My《マイ》 God《ゴッド》!」です。

これが見たかったのですよこれが。木にぶらさがっているのを遠《とお》くから写《うつ》した写真《しゃしん》は見ていたのですが、間近《まぢか》で見る本物《ほんもの》はすごい迫《はく》力《りょく》です。写真《しゃしん》を撮《と》ろうと思《おも》っても一枚《まい》の画面《がめん》に入りません。上と下、半分《はんぶん》ずつ写真《しゃしん》を撮《と》りました。

ぼくが大喜《おおよろこ》びしているのでレニーさんもうれしそうです。

「さあ、マモルいこう」

レニーさんは別《べつ》の部屋《へや》のほうへ歩《ある》いていきます。

金箔《きんぱく》で文字《もじ》が押《お》してあるようなすごく大きくて立派《りっぱ》な本がならんでいる本棚《ほんだな》や、宝石《ほうせき》のような石《いし》が飾《かざ》ってある部屋《へや》を通《とお》りぬけ、

「さあ、ここだ」とレニーさんはドアをガチャリと開《あ》けました。

ドアのむこうには……。

あのパンフレットの写真《しゃしん》そのまま、白《しろ》いロッカーがズラリとならんでいるではありませんか。体育館《たいいくかん》くらいの広《ひろ》さでしょうか。鳥《とり》の剥製《はくせい》もあるしペリカンの絵《え》も写真《しゃしん》と同《おな》じです。さらに、左側《ひだりがわ》は図書《としょ》館《かん》のように本棚《ほんだな》がズラリとならんでいます。

レニーさんいわく、

「この白《しろ》いロッカーの中に卵《たまご》と鳥《とり》の剥製《はくせい》と巣《す》が入っているんだ」

とロッカーを開《あ》け、さらに引《ひ》き出《だ》しを開《あ》けると……。

「卵《たまご》、卵《たまご》、卵《たまご》……」

うひゃあ、でたあ。

そしてレニーさんは数列移動《すうれついどう》して別《べつ》のロッカーを開《あ》けると……。

「鳥《とり》、鳥《とり》、鳥《とり》……」

また数列移動《すうれついどう》してロッカーを開《あ》けると……。

「巣《す》、巣《す》、巣《す》……」

ううんスゴイ！　すごすぎる。

何列《なんれつ》もある白《しろ》いロッカーは、卵《たまご》・鳥《とり》の剝製《はくせい》（仮剝製《かりはくせい》）・巣《す》と大きく三つに分《わ》かれていてそれぞれ、系統的《けいとうてき》に分類《ぶんるい》されているそうです。

さらに、それぞれの標本《ひょうほん》が、いつ、どこで、どんな状態《じょうたい》で採取《さいしゅ》されたものなのか、というのがすべてファイルされ、調《しら》べることができるようになっています。レニーさんは世界中《せかいじゅう》から送《おく》られてくる標《ひょう》本《ほん》を整理《せいり》し、今《いま》までのファイルをデータ化《か》しているそうです。

以前《いぜん》は卵《たまご》と鳥《とり》と巣《す》が別々《べつべつ》の建物《たてもの》だったのが数年前《すうねんまえ》にこの建物《たてもの》ができ、みないっしょになり、この鳥《とり》の卵《たまご》はこれ、巣《す》はこれ、といっぺんでわかるという、日本《にほん》はおろか世界《せかい》でも考《かんが》えられないような素晴《すば》らしい施設《しせつ》なのです。

「すごーーい」まいった。

そして、絵《え》を描《か》いたり写真《しゃしん》を撮《と》ったりできるような仕事机《しごとづくえ》もあります。（そうか、ここで絵《え》を描《か》いたんだな）

さらに、学生達《がくせいたち》が団体《だんたい》できても講義《こうぎ》などができるように、教室《きょうしつ》のようにイスがちゃんとならんでいるところもあります。

本棚《ほんだな》には、鳥《とり》に関《かん》する本《ほん》が世界中《せかいじゅう》から集《あつ》められています。いくらでも好《す》きなだけ調《しら》べていいのです。もちろん無料《むりょう》です。

なんだか心《こころ》の底《そこ》からうれしくなりました。

「さあ、どれから調《しら》べよう。見たいのから探《さが》そうじゃないか」

レニーさんはリストを片手《かたて》にうれしそうにいいました。

ぼくが鳥《とり》の名《な》の英語名《えいごめい》を言《い》うと、レニーさんはどこの棚《たな》になにが入《はい》っているかが一覧《いちらん》になっている本《ほん》で調《しら》べて、

「Come《カム》 here《ヒア》」（こっちだ）と教《おし》えてくれるのです。

なにせロッカーの多《おお》いこと多《おお》いこと。ひとつのロッカーにさらに数段《すうだん》の引《ひ》き出《だ》しがついていて、そこに卵卵卵《たまごたまごたまご》、鳥鳥鳥《とりとりとり》、巣巣巣《すすす》なのです。

卵《たまご》は一腹卵（ひとはららん）＝ひとつの巣《す》の中《なか》に産《う》んだひとそろいの卵全部《たまごぜんぶ》＝ずつアクリルケースの中の綿《わた》の上にならべられていま

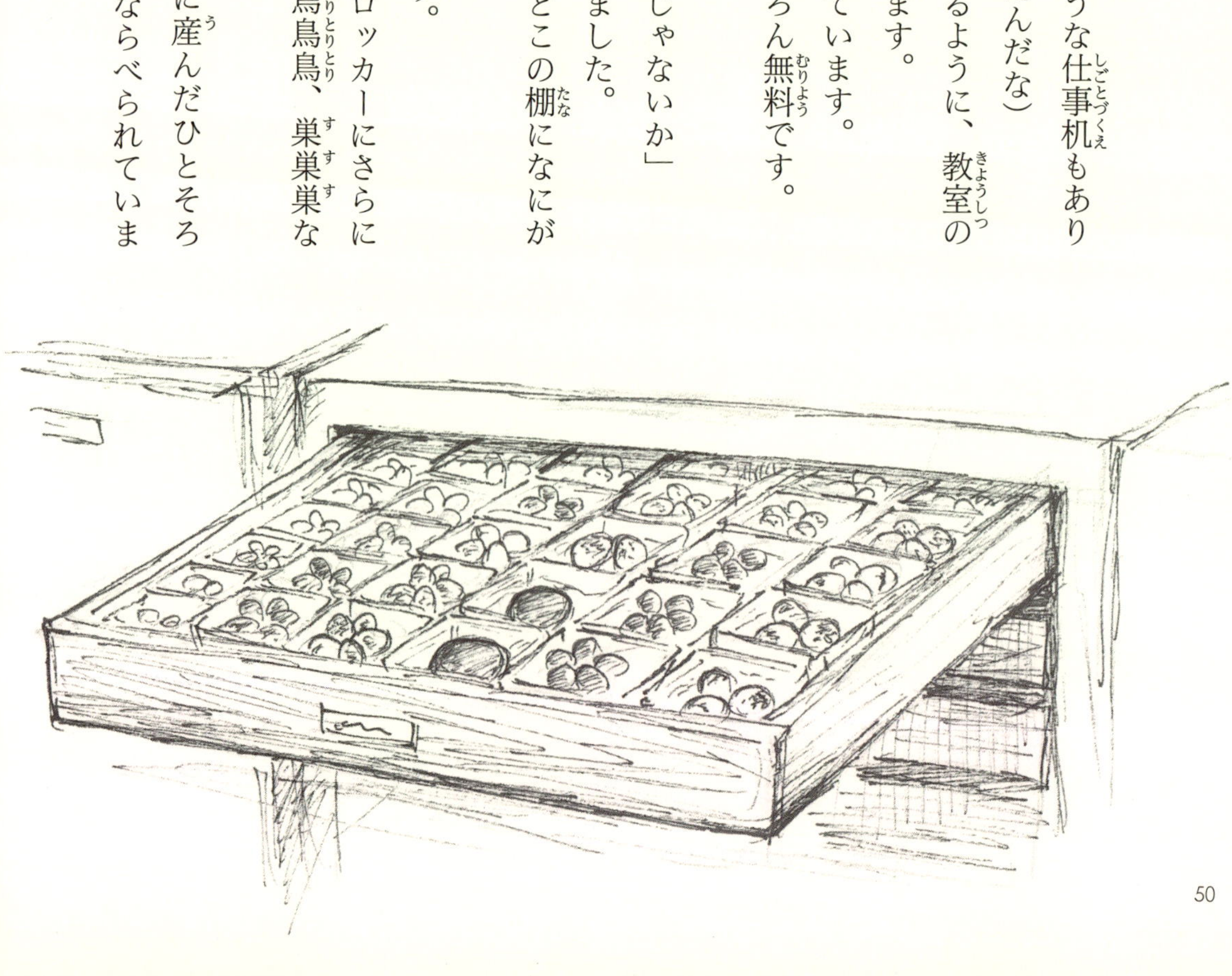

す。

巣《す》もひとつずつアクリルケースに入っていることもあるし、そのままならんでいるのもあります。どれも保存《ほぞん》がよく、大切《たいせつ》にされているのがわかります。とちゅうからレニーさんは「ぼくはあそこで自分《じぶん》の仕事《しごと》をする。君《きみ》は一人《ひとり》で好《す》きに探《さが》しなさい。ただし扱《あつか》いはていねいにね。なにかわからないことがあったらきなさい」ということで、あとは一人《ひとり》ただただもくもくと巣《す》巣《す》巣《す》、卵《たまご》卵《たまご》卵《たまご》、鳥《とり》鳥《とり》鳥《とり》……。

こうして、ぼくはそれから朝《あさ》から夕方《ゆうがた》まで、今度《こんど》はノドグロモリハタオリの巣《す》、次《つぎ》はサンショクヒタキの卵《たまご》というふうに、日本《にほん》では見ることのできない、ぼくの見たかった巣《す》と卵《たまご》と鳥《とり》を、毎日毎日毎日《まいにちまいにちまいにち》探《さが》しまわったのです。

アメリカが個人《こじん》の自由《じゆう》を大切《たいせつ》にしていることが心《こころ》の底《そこ》からわかった気《き》がしました。こういうことが子供《こども》のやる気《き》をおこさせるし、自由《じゆう》にやらせるということなのだとも思《おも》いました。

こういう素朴《そぼく》な「これってなに、なぜなのだろう」という疑問《ぎもん》に答《こた》える場《ば》がしっかりしているというのは、その後《ご》の個人《こじん》の自由《じゆう》な発想《はっそう》を生むことにつながるのだろうと思《おも》いました。

ただ限《かぎ》られた学科《がっか》のテストのためだけに勉強《べんきょう》したり教《おし》えたり、

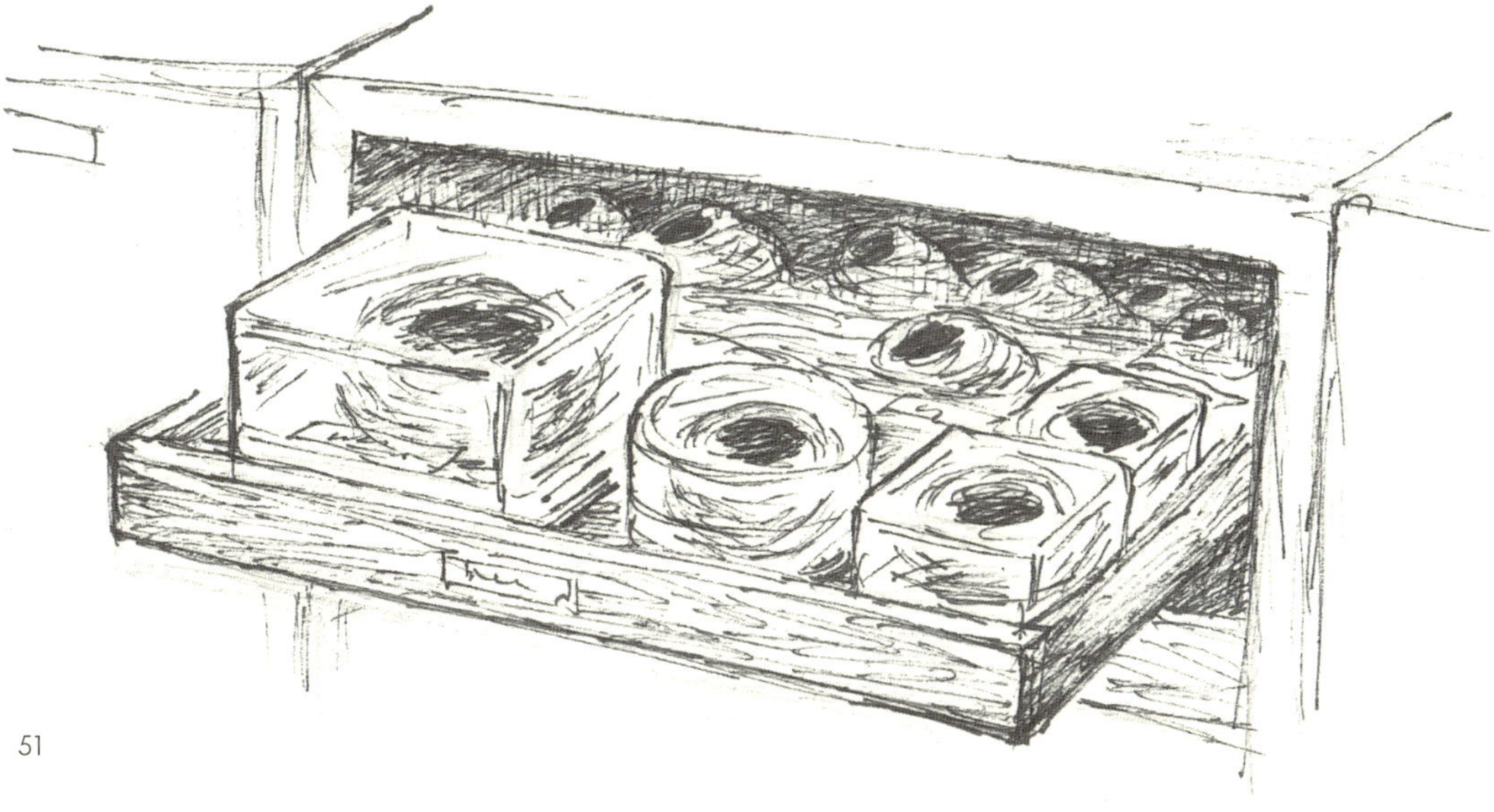

「自由《じゆう》にやれ」といっといて、「怪我《けが》をして危《あぶ》ない（ことをさせたら自分《じぶん》の責任《せきにん》になる）からやめなさい」などといっていることとは根本的《こんぽんてき》に違《ちが》うことなのだろうと思《おも》います。

最初《さいしょ》の日、あっというまに夕方《ゆうがた》になりました。

レニーさんはぼくの泊《と》まっているホテルの名《な》を聞《き》くと、

「ぼくの家《いえ》へ帰《かえ》る途中《とちゅう》だから車《くるま》で送《おく》ってあげよう」といってくれました。

翌日《よくじつ》から、朝《あさ》はレニーさんが車《くるま》でホテルに迎《むか》えにきてくれ、昼《ひる》になると、みなといっしょに台所《だいどころ》みたいなところで近所《きんじょ》で買《か》ったハンバーガーを食《た》べ、夕方終《ゆうがたお》わるとレニーさんが帰宅《きたく》する車《くるま》でホテルまで送《おく》ってくれるという毎日《まいにち》を続《つづ》けたのです。

こうして一日中《いちにちじゅう》巣《す》と卵《たまご》と鳥《とり》を調《しら》べ、夕方《ゆうがた》ホテルに帰《かえ》るとシャワーを浴《あ》びて、ぶらぶらダウンタウンを散歩《さんぽ》して、スーパーで買《か》い物《もの》したり、小《ちい》さなレストランでビールを飲《の》む日々《ひび》でした。

日本《にほん》に比《くら》べると空気《くうき》はとっても乾《かわ》いています。道《みち》は広《ひろ》くて巨大《きょだい》トラックやワゴン車《しゃ》がビュンビュンぶっとばしています。

プロレスラーみたいな人たちがハーレーダビッドソンで集《あつ》まっていたり、オポッサムが道《みち》でひかれていたりもしました。お寿司屋《すしや》さんではアロハを着《き》たお兄《にい》ちゃんがカリフォルニアロールを作っていたり、やっぱりアメリカだなあと思《おも》う半面《はんめん》、夕方《ゆうがた》のなんとも平和《へいわ》な気分《きぶん》は日本《にほん》と同《おな》じです。どこでも人間《にんげん》は生《い》きていて一日《にち》終《お》わってうれしい気持《きも》ちは日本《にほん》にいるときと同《おな》じでした。

わざわざ日本《にほん》から巣《す》を見にきたというぼくに、館長《かんちょう》のエド・ハリソンさんがお昼《ひる》をごちそうしてくれることになりました。

ハリソンさんは、ずいぶんお年《とし》の方《かた》でしたが、鳥《とり》のことを話《はな》しだすととまらない、熱意《ねつい》のかたまりの人でした。

こうしてＷＦＶＺでの楽《たの》しい楽《たの》しい取材《しゅざい》はあっというまに終《お》わったのですが、朝《あさ》から夕方《ゆうがた》まで何日間《なんにちかん》も休《やす》むことなく見ていたのに、まだまだ開《あ》かずのロッカーがたくさんあり、巣《す》を全部《ぜんぶ》見るということはできませんでした。

でもいちおう、当初《とうしょ》の目的《もくてき》としていた巣《す》、卵《たまご》、鳥《とり》ともほぼ見ることができたし、いままで知《し》らなかった巣《す》のこともわかり、大収穫《だいしゅうかく》の取材《しゅざい》でした。フィッシャーさんレニーさんに感謝《かんしゃ》の気持《きも》ちとお別《わか》れをいって、シャトルバスに乗《の》りロスアンゼルス空港《くうこう》へとむかったのです。

右の大きな卵は200年前
絶滅したマダガスカルの
エピオルニスの卵です

若かりしころのエド・ハリソンさん

もちろん、取材《しゅざい》がうまくいったことの満足感《まんぞくかん》はいっぱいだったのですが、もうひとつ、自分《じぶん》の今後《こんご》にとって大切《たいせつ》な発見《はっけん》の旅《たび》だということを感《かん》じました。

それは、自分《じぶん》がこれから先《さき》どう生《い》きるか、というとても大切《たいせつ》なことに関《かか》わることでした。

地球上《ちきゅうじょう》に鳥《とり》の巣《す》という、命《いのち》を育《そだ》てるための純粋《じゅんすい》な行動《こうどう》の結果《けっか》が美《うつく》しくも不思議《ふしぎ》な造形《ぞうけい》となったもの、多様《たよう》な生命《せいめい》が生《い》き続《つづ》けているという命《いのち》の根源《こんげん》が形《かたち》になっている素晴《すば》らしいものがあるのを、このまま埋《う》もれさせてはいけないのではないかという強《つよ》い思《おも》いを持《も》つようになっていました。世界中《せかいじゅう》の鳥《とり》の巣《す》を見つけて、集《あつ》めて保存《ほぞん》することが必要《ひつよう》なのではないか、もし誰《だれ》もやっていないのなら自分《じぶん》が集《あつ》めることをやるしかないのではないかとも思《おも》ったわけです。

そうすると、家《いえ》でおとなしく絵《え》を描《か》いたりしているのではなく、それこそ南米《なんべい》でもアフリカでも世界《せかい》の九千種《しゅ》の鳥《とり》の巣《す》をひとつでも発見《はっけん》する放浪《ほうろう》の旅《たび》にでなければいけないのではないか、という恐《おそ》ろしい考《かんが》えが頭《あたま》のどこかにあったのです。（それも捨《す》てがたいが、現《げん》実的《じってき》に一人《ひとり》で集《あつ》めるなんて不可能《ふかのう》なことでしょう。また、そんなことしていたら、家庭《かてい》は崩壊《ほうかい》して、自分《じぶん》はどこか未開《みかい》のジャングルで

行方《ゆくえ》不明《ふめい》になるのがおちでしょう）が、今回《こんかい》ＷＦＶＺにいき、世界中《せかいじゅう》のいろいろなところからたくさんの巣《す》がいまも集《あつ》められ、それをしっかりしたスタッフが管理《かんり》し、いつでも誰《だれ》でも利用《りよう》できるようになっているということがわかりました。

そっち方面《ほうめん》のことは自分《じぶん》はしなくてよいわけです。

自分《じぶん》がすることは、自分《じぶん》のいける範囲《はんい》のところで世界《せかい》の鳥《とり》の巣《す》を探《さが》したり見たりすること。そしてそれを自分《じぶん》なりに絵《え》に描《か》いたり、本を作ったり、展覧会《てんらんかい》をして鳥《とり》の巣《す》の素晴《すば》らしさを、より多《おお》くの人に伝《つた》えれば良《よ》いのだ、ということでした。

だから、まずは今回《こんかい》の取材《しゅざい》で得《え》たものをもとに、「世界《せかい》の鳥《とり》の巣《す》の本」の絵《え》を描《か》いて本を作ろうと、決意《けつい》を新《あら》たに高度《こうど》一万《まん》ｍの上《じょう》空《くう》からアメリカ大陸《たいりく》を見ながらビールを飲《の》んで、アメリカ本土《ほんど》にさよならをしたのです。

こうして、シンガポール航空《こうくう》のボーイング７４７は、一路《いちろ》日本《にほん》へとむかったのであります。

ニューヨーク、鳥の巣展覧会

アメリカとヨーロッパ

ＷＦＶＺから一年《ねん》、猛烈《もうれつ》に絵《え》を描《か》き、無事《ぶじ》、世界《せかい》の鳥《とり》の巣《す》を分類《ぶんるい》、体系化《たいけいか》した世界初《せかいはつ》の絵本《えほん》「世界《せかい》の鳥《とり》の巣《す》の本」を完成《かんせい》。

アメリカのニューヨーク、現代美術《げんだいびじゅつ》の町《まち》チェルシーでも、わざわざ友達《ともだち》が手伝《てつだ》いにきてくれたこともあり、鳥《とり》の巣《す》の展覧会《てんらんかい》をすることができました。ニューヨークの人達《ひとたち》にも鳥《とり》の巣《す》の造形《ぞうけい》は、とても新鮮《しんせん》な驚《おどろ》きだったようです。

この後《あと》、ニューヨークの展示《てんじ》を見て、イタリアでも展覧会《てんらんかい》をやってほしいということで、その打《う》ち合《あ》わせや、フランスで本をだしたいとか英国《えいこく》の鳥《とり》の学者《がくしゃ》に会《あ》いにいったりすることになり、ヨーロッパにいきました。

仕事《しごと》の合間《あいま》にいくつかのヨーロッパの鳥《とり》の巣《す》も採取《さいしゅ》してきたのですが、環境的《かんきょうてき》に日本《にほん》に似《に》ていて、日本《にほん》と同《おな》じような鳥《とり》の巣《す》なので、今回《こんかい》はパスして、次《つぎ》は東南《とうなん》アジアの熱帯雨林《ねったいうりん》へ鳥《とり》の巣《す》探《さが》しにいくことにしました。

東南《とうなん》アジア

地球《ちきゅう》という環境《かんきょう》の中で世界《せかい》の鳥《とり》の巣《す》の全体像《ぜんたいぞう》を大きな視点《してん》で見ることができるようになりました。次《つぎ》は個々《ここ》の地域《ちいき》に、ぼくの見たい鳥《とり》の巣《す》を、探《さが》しにいける範囲《はんい》で発見《はっけん》しにいこう、と思《おも》っていたところに電話《でんわ》がありました。

バードウオッチング等《など》を企画《きかく》している旅行会社《りょこうがいしゃ》の人で、展覧会《てんらんかい》にもきてくれたことのある人です。

「先日《せんじつ》、ツアーでマレーシアにいったら、クアラルンプールの空港《くうこう》の売店《ばいてん》で鳥《とり》の巣《す》を売《う》ってましたよ」

「えっ、売《う》ってる、鳥《とり》の巣《す》を……」

「時間《じかん》がなく、ちらっと見ただけで」詳《くわ》しくはわからないようです。すぐにクアラルンプールにいこうかと思《おも》ったのですが、せっかくだからタイにもいってキムネコウヨウジャクの巣《す》を探《さが》そうと思《おも》いました。

ちょうどマレーシアのお隣《となり》シンガポールに、以前仕事《いぜんしごと》をいっしょにした友達《ともだち》が住《す》んでいます。電話《でんわ》してみると、

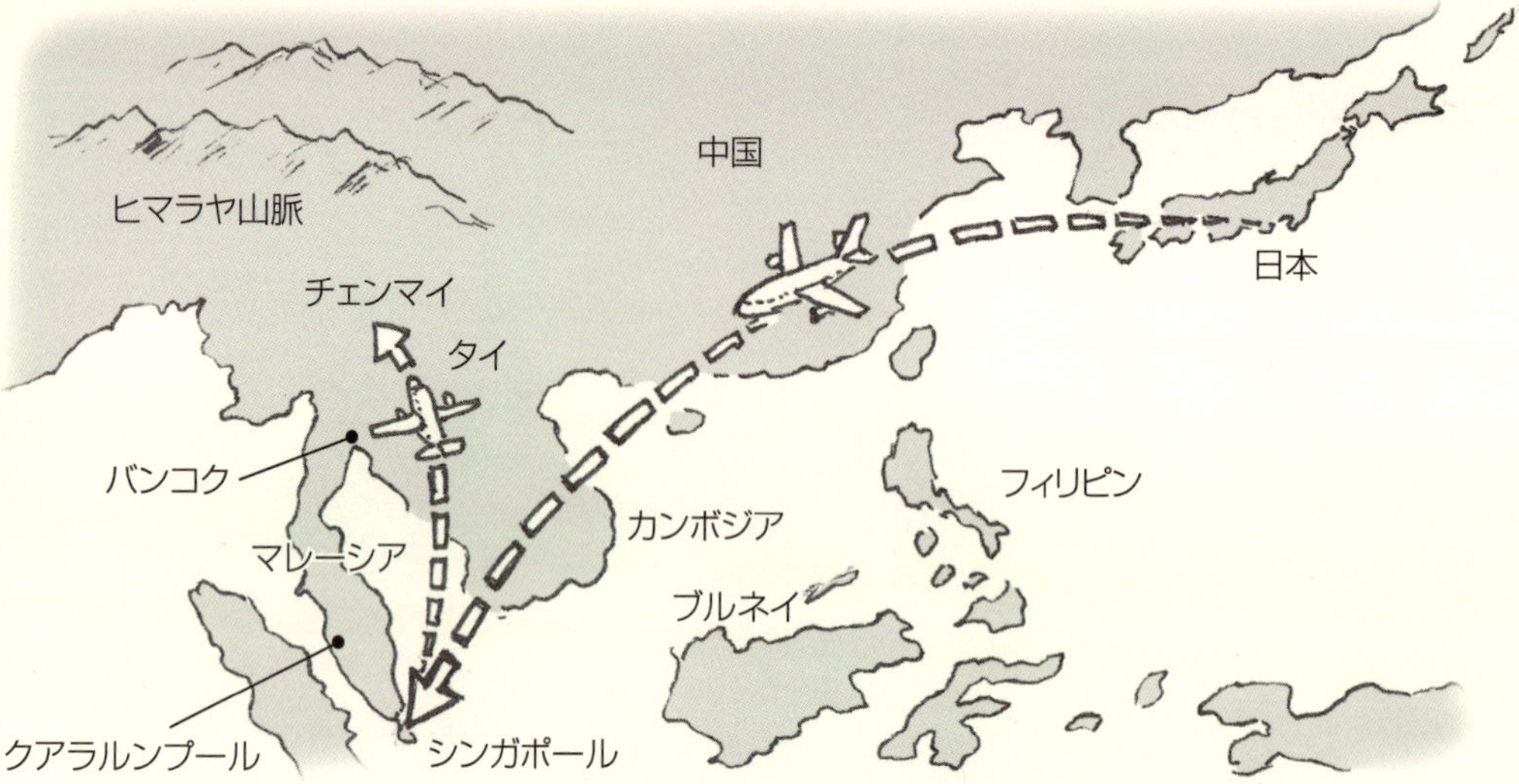

「おもしろそうだねえ、いこういこう。ぼくが車《くるま》の運転《うんてん》してあげる。なんでも、こっちにはネストハンターというのがいるらしいよ」ということになり、いざシンガポールへ出発《しゅっぱつ》、となったのです。

〃ネストハンター〃鳥《とり》の巣《す》をとる専門《せんもん》の人。

そんな人がいるのか……、とまたも新《あら》たなる未知《みち》なる入《い》り口《ぐち》がポッカリと目の前《まえ》に現《あらわ》れたようで、ぼくはその暗闇《くらやみ》に吸《す》いこまれていくのでした……。

マレーシア

シンガポールは日本《にほん》から約《やく》五千km。

日本《にほん》を飛《と》び立《た》って六時間後《じかんご》シンガポール空港《くうこう》に着《つ》いたのは、夜《よる》十時《じ》をすぎたころでした。飛行機《ひこうき》から降《お》りると同時《どうじ》にモワッとベタッとがまざったような熱気《ねっき》がただよっています。この時間《じかん》でこの暑《あつ》さ、ほぼ赤道《せきどう》に位置《いち》しているので暑《あつ》いに決《き》まっているわけです。

計画《けいかく》では、到着日《とうちゃくび》はそのままホテルにチェックイン。翌朝《よくあさ》はやく陸路《りくろ》マレーシアに入り北上《ほくじょう》、あちこち鳥《とり》の巣《す》を探《さが》して、帰《かえ》りにマレ

ーシアのクアラルンプール空港《くうこう》にいき、売《う》っていたという鳥《とり》の巣《す》を探《さが》す。その後《あと》、シンガポールへもどり、友達《ともだち》と別《わか》れ、バンコク経由《けいゆ》でタイのチェンマイにいき、キムネコウヨウジャクを探《さが》す、という旅《たび》なのです。

シンガポールはマレー半島《はんとう》のいちばんはじっこの島《しま》で、シンガプラ（獅子《しし》の町《まち》の意味《いみ》）がなまったといわれています。東西約《とうざいやく》四〇km くらいの小さな島《しま》で、人口《じんこう》は約《やく》三百万人《まんにん》、一九六五年独立《ねんどくりつ》した国《くに》だそうです。

国境《こっきょう》のホール海峡《かいきょう》を渡《わた》るとマレーシアにはいります。友人《ゆうじん》の運転《うんてん》する車《くるま》で鳥《とり》の巣《す》めざして出発《しゅっぱつ》です。

友人《ゆうじん》がこのへんにいってみてはどうか、というので、マラッカ海《かい》峡《きょう》に面《めん》した村《むら》をあちこち見てまわったのでした。

とある小さな村《むら》にいくと、日本《にほん》ではとてもめずらしいヒメアマツバメがたくさん飛《と》んでいて、建物《たてもの》の壁《かべ》に羽毛《うもう》を使《つか》って巣《す》を作っています。これはWFVZでも見て、ぜひ自然《しぜん》の状態《じょうたい》のを見たいものだと思《おも》っていた巣《す》です。

あるあるある。あっちの家《いえ》にも、こっちの家《いえ》にもついています。でもピーピー、巣《す》からヒナの声《こえ》もするし、親鳥《おやどり》もエサをやりにきて

いるのでこれは採取《さいしゅ》するわけにいきません。まあ見られれば良《よ》いということで先《さき》に進《すす》みました。

現地《げんち》の人に鳥《とり》の巣《す》はないかと聞《き》くと、「おー、あるよあるよ、ここをまっすぐいって右《みぎ》にまがって橋《はし》を渡《わた》って左《ひだり》にいった市場《いちば》の店《みせ》にたくさん売《う》ってる」ですって。

へえー、そうか売《う》ってるのか、さすがだなあ。といわれるままに人をかきわけいってみると、ありましたありました。

鳥《とり》かごをたくさん売《う》っているではありませんか。

細《ほそ》い竹《たけ》でできた日本《にほん》にもあるような、鳥《とり》かごが小さなお店《みせ》いっぱいぶらさがっています。鳥《とり》かご、鳥《とり》の巣《す》、似《に》てるといえば似《に》てるけれど……ちょっと違《ちが》いました。このへんでは鳥《とり》を飼《か》う人が多《おお》いのでしょう。日本《にほん》でもぼくが子供《こども》のころは、こんな鳥屋《とりや》さんがあっていろいろな鳥《とり》を売《う》っていました。

あっちへふらふらこっちへふらふら、鳥《とり》の巣《す》を探《さが》し回《まわ》りました。川《かわ》を一m以上《いじょう》のとかげが泳《およ》いでいたり、鳥《とり》は飛《と》んでいるのですが、なかなか巣《す》は見つかりません。

ヒメアマツバメ以外《いがい》の鳥《とり》の巣《す》もすこし見つけたのは見つけたのですが、木が高《たか》すぎて採取《さいしゅ》することはできませんでした。やはりもっ

デュメリルオオトカゲ

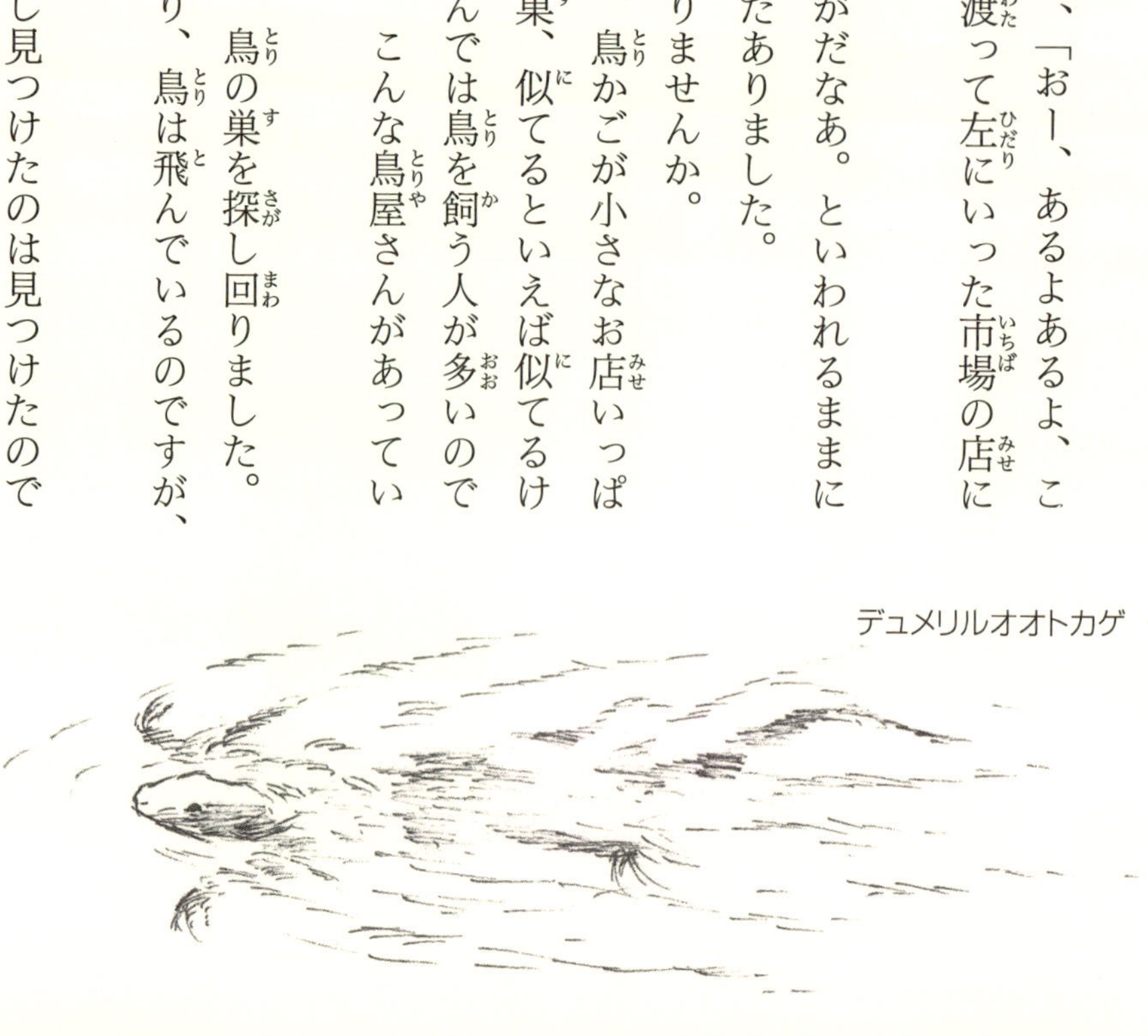

と事前《じぜん》に現地《げんち》の鳥《とり》について調《しら》べたり、準備《じゅんび》が必要《ひつよう》で、あわててきすぎたと反省《はんせい》しました。

こうして帰路《きろ》、クアラルンプール空港《くうこう》にいき、探《さが》すと、たしかに巣《す》がありました。キムネコウヨウジャクの巣《す》がおみやげもの屋《や》さんのショウケースの上にふたつぶらさがっていて、表面《ひょうめん》にバッジみたいなおみやげ物《もの》がいっぱいさしてあります。売《う》っているのはそっちで、鳥《とり》の巣《す》はその台《だい》になっていたのです。

でも、せっかくだからお店《みせ》のお姉《ねえ》さんに「こっちこっち、こっちが欲《ほ》しいの」といって、売《う》ってもらったのでした。

よく見ると、同《おな》じキムネコウヨウジャクでも小林先生《こばやしせんせい》にいただいた中国《ちゅうごく》のや、これからいくチェンマイのとは微妙《びみょう》に産室《さんしつ》や出入《でい》り口《ぐち》のバランスが違《ちが》います。地域差《ちいきさ》なのでしょうか。

やっぱりひとつでも多《おお》く集《あつ》めなければ。という決意《けつい》を新《あら》たに、マレーシアの友達《ともだち》と別《わか》れ、次《つぎ》はいよいよ、タイのチェンマイに飛《と》んだのでした。

——キムネコウヨウジャクの巣——

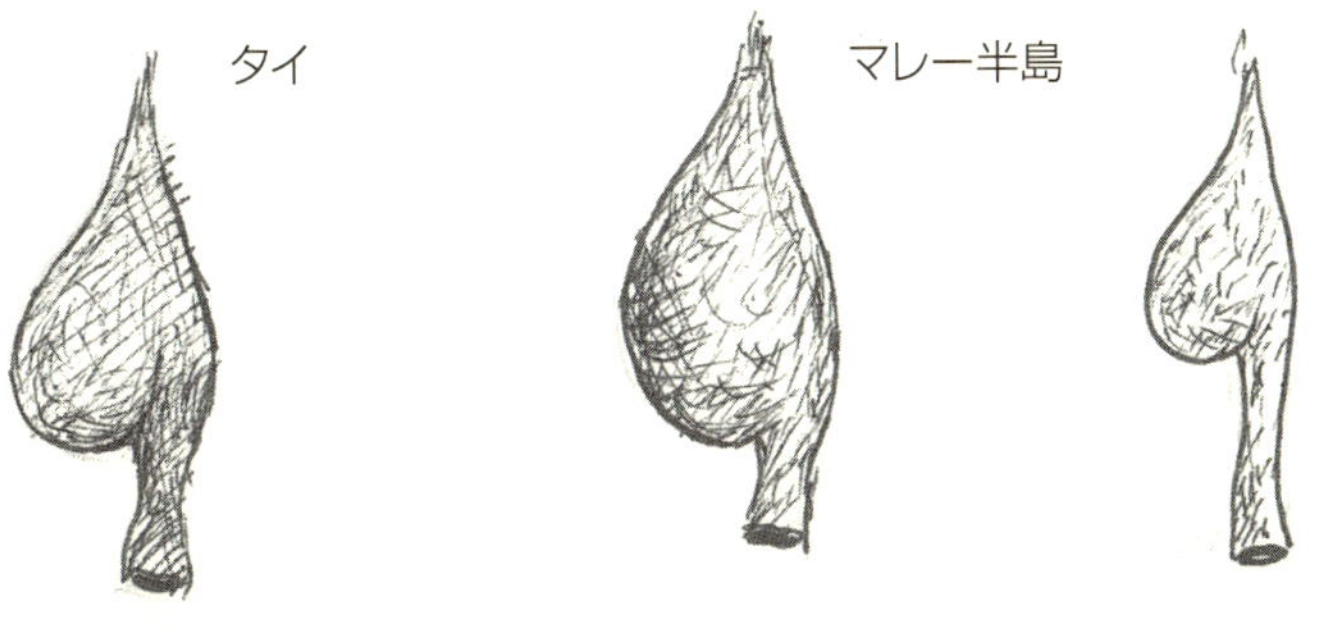

チェンマイ

チェンマイは、タイの首都《しゅと》バンコクから北約《きたやく》七百kmにあり、人口《じんこう》約《やく》一七万《まん》、バンコクについで大きい都市《とし》です。

なぜチェンマイにきたかったのかというと、鳥《とり》の巣《す》の展覧会《てんらんかい》をしたときに「チェンマイの近《ちか》くで売《う》っていたので買《か》ったものですけど」と、キムネコウヨウジャクの巣《す》を持《も》ってきてくれた人がいたのです。お店《みせ》の写真《しゃしん》も見せてくれて、たしかに道端《みちばた》の屋台《やたい》のような小《こ》屋《や》に、たくさんぶらさげて売《う》っています。そのあとにも、チェンマイで見た、という情報《じょうほう》があり、チェンマイにいけばなんとかなると思《おも》ったのです。

チェンマイ空港《くうこう》は日本《にほん》の地《ち》方空港《ほうくうこう》のような大きさですが、閑散《かんさん》とした感《かん》じではなく、活気《かっき》ある空港《くうこう》でした。

タクシーで予約《よやく》してあるホテルに到着《とうちゃく》したのはもう夕方《ゆうがた》でした。現地《げんち》のガイドさんとは翌朝会《よくあさあ》うことになっていたので、さっそく一《ひと》人《り》でそのあたりを散策《さんさく》することにしました。

チェンマイはナイトバザールが有名《ゆうめい》で、露店《ろてん》みたいな店《みせ》が、現地《げんち》

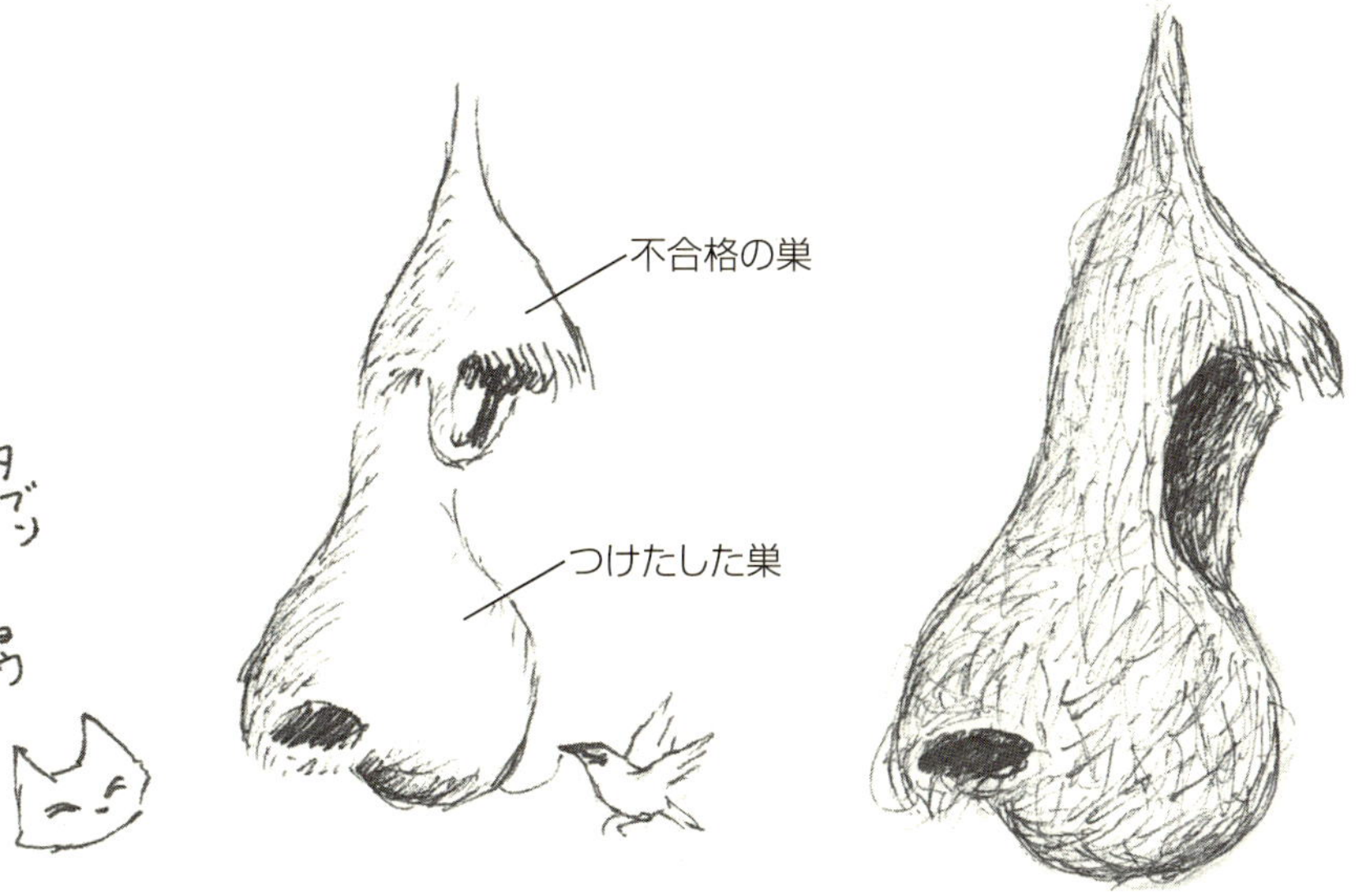

の民芸品《みんげいひん》とか、いろいろなものを売《う》っているのです。そこにキムネコウヨウジャクの巣《す》があった、と別《べつ》の知《し》りあいもいっていたところです。

ホテルをでると、もうナイトバザールのお店《みせ》がたくさんでています。ものを売《う》る店《みせ》もあるし、カウンターでお酒《さけ》が飲《の》めるようなお店《みせ》もあります。

オーッ、そこになんと、ブラブラと不思議《ふしぎ》な形《かたち》の鳥《とり》の巣《す》がぶらさがっているではありませんか！

思《おも》わずお店《みせ》にかけこみ、よく見ました。どうもキムネコウヨウジャクの変形《へんけい》タイプというのか、製作途中《せいさくとちゅう》でメスに不合格《ふごうかく》といわれ、放棄《ほうき》された巣《す》に、また別《べつ》のオスが作りたし、それもまた不合格《ふごうかく》になったというような巣《す》なので、なんとも不思議《ふしぎ》な格好《かっこう》をしているのです。

ぼくが、鳥《とり》の巣《す》を見ていると、お店《みせ》の女《おんな》の人がやってきました。それは美《うつく》しい人で、ぼくはどぎまぎして、「ぼくは鳥《とり》の巣《す》が好《す》きで、日本《にほん》から鳥《とり》の巣《す》を探《さが》しにきた。この鳥《とり》の巣《す》はとても変《か》わっているので、ゆずってもらえないだろうか」と聞《き》くと、「これは私《わたし》がとても大切《たいせつ》にしているものだけど、あなたにあげるわ」とやさしく美《うつく》しい笑顔《えがお》とともに、ぼくにくれちゃったのです。

抱《だ》きつきたいほどうれしかったのですが、恐《おそ》れ多《おお》いので握手《あくしゅ》だけにしました。

そこへダンナさんがきました。イギリス人《じん》で、イギリスで仕事《しごと》をしていたのだが、こっちにきたら、もう帰《かえ》りたくなくなって住《す》みついてしまったそうです。

のどかで優雅《ゆうが》なチェンマイの夕方《ゆうがた》の街《まち》。隣《となり》の店《みせ》では髪《かみ》の長《なが》い女《おんな》の人たちがビリヤードをはじめ、「ホテルカリフォルニア」の哀切《あいせつ》なメロディーが流《なが》れてきます。祖国《そこく》イギリスのいろいろなしがらみや生活《せいかつ》をプツンと切《き》って、あの美《うつく》しい人と暮《く》らしている……。

いろいろあったのでしょう、きっと。

話《はなし》は鳥《とり》の話《はなし》となり、「どこそこの山《やま》へいくといろいろな鳥《とり》がいる」ということを教《おそ》わり、その人と別《わか》れたのでした。

さいさきの良《よ》いスタートに気《き》を良《よ》くして、もうすこし探《さが》してみようとお店《みせ》を見てまわりました。木彫《きぼ》りの動物《どうぶつ》やキラキラした飾《かざ》り物《もの》、ヒラヒラした服《ふく》などいろいろなものが売《う》られています。

それと多《おお》いのが鉛筆《えんぴつ》で描《か》いている似顔絵屋《にがおえや》さんです。その絵《え》はスーパーリアリズムというか細密画《さいみつが》で、はじからピッチリ描《か》きこんで

いく技術《ぎじゅつ》は有無《うむ》をいわせない迫力《はくりょく》です。そんなたくさんの人がいきかうなか鳥《とり》の巣《す》を抱《だ》いて歩《ある》いていると、上半身《じょうはんしん》はだかで半《はん》ズボンのお兄《にい》ちゃんが寄《よ》ってきます。見るからに、いかがわしいというのかB級活劇映画《ビーきゅうかつげきえいが》で、主人公《しゅじんこう》にあっというまにけりとばされちゃうような感《かん》じの人です。

ぼくの抱《だ》いてる鳥《とり》の巣《す》を見ると、「なんだ、それ、いくらで売《う》る？」と、なれなれしく肩《かた》に手をかけ、聞《き》いてきました。

「いやあ、NO《ノー》、NO《ノー》、これは売《う》らない、ぼくは鳥《とり》の巣《す》を探《さが》しているんだ」というと、「なに、鳥《とり》の巣《す》か、よし、ちょっとこい」と、肩《かた》にかけた手に力《ちから》をいれ、ぼくを店《みせ》の裏《うら》のほうに連《つ》れていきます。

「どんな鳥《とり》の巣《す》が欲《ほ》しいんだ、おれの知《し》り合《あ》いがハンターなのでたのんでやる」というので、このあたりにいそうな鳥《とり》の名《な》をいうと、「よし、わかった。明日《あす》の晩《ばん》八時《じ》にここで会《あ》おう」といって、人ごみの中に消《き》えていきました。

なんだかほんとに安《やす》っぽい映画《えいが》みたいです。映画《えいが》だと宝石《ほうせき》とか宝《たから》の地図《ちず》のうけわたしで、なぐりあいになったりするのでしょうが、いったいどうなることだろうとホテルへ帰《かえ》ったのでした。

結局《けっきょく》、翌日《よくじつ》、その人には会《あ》えませんでした。（やっぱり見つから

なかったのかな）

翌朝《よくあさ》、目《め》がさめて散歩《さんぽ》しようとホテルからでて、ふと見あげると、鳥《とり》の巣《す》があるではありませんか。ホテルの部屋《へや》のベランダにある植《う》えこみに巣《す》が作られています。それもあっちの部屋《へや》にもこっちの部《へ》屋《や》にも。なんの鳥《とり》の巣《す》かわかりませんが、丸《まる》いのやおわん形《がた》です。

うひゃあ、あったあった、ととつぜん知《し》らないお客《きゃく》さんの部屋《へや》に飛《と》びこむのも失礼《しつれい》なので、ホテルのフロントの人に「これこれこう で」とたのむと、「OK《オーケイ》、OK《オーケイ》」とニコニコして、いっしょにいってくれることになりました。

思《おも》わぬところにあるもので、やはり日本《にほん》よりも、人の暮《く》らしの身《み》近《ぢか》に自然《しぜん》があるのだなあと、うらやましくなりました。日本《にほん》に帰《かえ》って調《しら》べたら、キンパラなど、日本《にほん》ではスズメのような鳥《とり》たちでした。

ぼくがあまりにうれしそうなので、ホテルの人もうれしそうで、

「まだあるぞ、こっちにもあったぞ」といくつもの巣《す》が採取《さいしゅ》でき、

「こいつあ朝《あさ》から縁起《えんぎ》がいいや」とムシャムシャと朝《あさ》ごはんを食《た》べたのでした。

その後《ご》、ホテルのロビーで予約《よやく》していたガイド兼通訳《けんつうやく》のポンさんと、車《くるま》の運転手《うんてんしゅ》のメイさんとおちあい、前《まえ》の日《ひ》、イギリスの人に聞《き》

いた「どこその山《やま》」へむかって出発《しゅっぱつ》したのでした。

日本《にほん》では考《かんが》えられないような背《せ》の高《たか》い木が密集《みっしゅう》しています。葉《は》も厚《あつ》いし自然《しぜん》の濃《こ》さが違《ちが》います。道《みち》をノッシノッシと人の乗《の》ったゾウが歩《ある》いてきました。材木《ざいもく》を切《き》ったり、運《はこ》びだすのに使《つか》っているのです。トラ、サル、ヘビたくさんの動物《どうぶつ》がすんでいるようです。だからそんな動物《どうぶつ》たちに襲《おそ》われないように、キムネコウヨウジャクはあのような形《かたち》の巣《す》を作るようになったのでしょう。しかしキムネコウヨウジャクはいないし、巣《す》も見つかりません。

あちこち探《さが》したのち、山道《やまみち》でバイクに乗《の》った人がきたので聞《き》くと、

「おお、ぼくの兄の家《いえ》の田《た》んぼにあるぞ」と、教《おし》えてくれたのです。

さっそく、車《くるま》をとばし、山《やま》からすこし下《くだ》った日本《にほん》の里山《さとやま》の田舎《いなか》のようなところを走《はし》っていくと……。ありました！

キムネコウヨウジャクの本物《ほんもの》の巣《す》。はるかむこうの田《た》んぼの横《よこ》にはえるヤシの木の葉《は》に、ぶらぶらとぶらさがっているではありませんか。

「あったあった、あれだあれだ。」感激《かんげき》の瞬間《しゅんかん》です。

車《くるま》でいけるところまでいき、あとは田《た》んぼの細《ほそ》いあぜ道《みち》を歩《ある》くこと五分《ふん》。小林先生《こばやしせんせい》のお宅《たく》で初《はじ》めて見てから二年後《ねんご》。とうとう、自然《しぜん》

の状態《じょうたい》でのキムネコウヨウジャクの巣《す》にめぐりあえたのです。

　こうして、このあと数日間《すうじつかん》、帰国《きこく》の飛行機《ひこうき》の出発時間《しゅっぱつじかん》ぎりぎりまで探《さが》しまわったので、たくさんの鳥《とり》の巣《す》を手にいれることができました。

　あまり鳥《とり》の巣《す》が多《おお》くて、電気屋《でんきや》さんで乾燥機《かんそうき》かなにかのあき箱《ばこ》をもらって巣《す》をいれたのですが、箱《はこ》が大きすぎて車《くるま》に乗《の》せることができません。しかたがないので小型《こがた》のトラック型《がた》タクシーの荷台《にだい》に、巣《す》のはいった箱《はこ》とぼくが乗《の》り、ガイドさんの車《くるま》と二台《だい》で、無茶苦茶《むちゃくちゃ》オートバイの多《おお》い夕方《ゆうがた》のチェンマイの町《まち》を飛行場《ひこうじょう》へといそいだのであります。なんだかカーチェイスしているみたいで、最後《さいご》までB級《ビーきゅう》映画《えいが》のようでした。

　幸《さいわ》いにもたくさんの鳥《とり》の巣《す》と出会《であ》えましたが、チェンマイでの通《つう》訳《やく》もガイドも鳥《とり》に関《かん》しては素人《しろうと》でした。やはり、もっと現地《げんち》の鳥《とり》に詳《くわ》しい人と連絡《れんらく》をとりあったほうがよいと思《おも》いました。

　ちなみに、ネストハンターというのは、中華料理《ちゅうかりょうり》のツバメの巣《す》のスープの材料《ざいりょう》にするアナツバメの巣《す》をとる人達《たち》のことでした。

　次《つぎ》の話《はなし》は再度《さいど》マレーシアにいき、現地《げんち》の鳥《とり》の専門《せんもん》のガイドさんと鳥《とり》の巣《す》を探《さが》した時《とき》のことです。

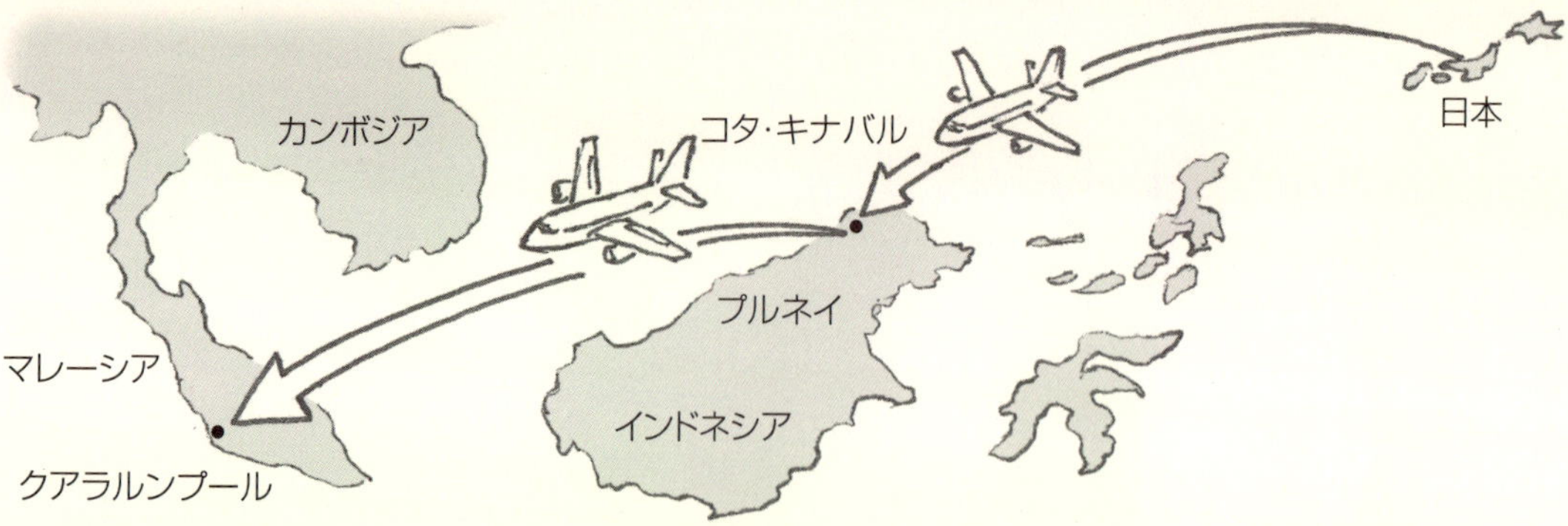

また、マレーシア

午後《ごご》三時《じ》、成田《なりた》を出発《しゅっぱつ》したマレーシア航空《こうくう》のボーイング737はとちゅうコタ・キナバルで一時間休《じかんやす》んだあと、現地時間午後《げんちじかんごご》一〇時《じ》三〇分《ぷん》マレーシア、クアラルンプール空港《くうこう》へ無事着陸《ぶじちゃくりく》したのでした。

入国《にゅうこく》ゲートをでるとスラリと背《せ》の高《たか》い男《おとこ》の人が「MAMORU《マモル》 SUZUKI《スズキ》」という紙《かみ》を持《も》って立っています。今回《こんかい》は野鳥《やちょう》や花《はな》の観察旅行《かんさつりょこう》を企画《きかく》している会社《かいしゃ》に現地《げんち》のガイドさんを紹介《しょうかい》してもらったのです。

ガイドさんの名《な》はチン・ホックさん。中国系《ちゅうごくけい》のマレーシア人《じん》で二〇年以上東南《ねんいじょうとうなん》アジア一帯《いったい》で、鳥《とり》のツアーガイドをしていて熱帯雨林《ねったいうりん》の中で鳥《とり》を見つける技術《ぎじゅつ》は超一流《ちょういちりゅう》の人らしいのです。

翌朝《よくあさ》、チンさんの運転《うんてん》する車《くるま》で熱帯雨林《ねったいうりん》の森《もり》をめざして出発《しゅっぱつ》しました。

世界中《せかいじゅう》どこの都市《とし》も同《おな》じで、朝《あさ》は通勤《つうきん》の車《くるま》でいっぱいです。特《とく》に東南《とうなん》アジアはオートバイの数《かず》がはんぱではありません。それも二人《ふたり》

コタ・キナバルの空港に売っていた中華料理のスープにするアナツバメの巣、これで20〜30万円

アナツバメの巣（実物大）

乗《の》り、三人乗《にんの》り、四人乗《にんの》りなんてのも多《おお》く見かけ、それらがノーヘルでビュンビュンすっ飛《と》ばしていくので、ひやひやしてしまいます。

　でも、みな同《おな》じようなつっぱった格好《かっこう》をして、ただいきがっているだけの日本《にほん》の暴走族《ぼうそうぞく》とは違《ちが》います。そのエネルギーと旺盛《おうせい》な生活《せいかつ》力《りょく》は見ていて元気《げんき》がでてきます。三人《にん》も四人《にん》もの子供《こども》をぴったり自《じ》分《ぶん》の体《からだ》にくっつけてうれしそうに毎日仕事《まいにちしごと》にいくお母《かあ》さんの生《い》きるこの国《くに》。それに比《くら》べ日本《にほん》では家族《かぞく》に保険《ほけん》をかけて殺《ころ》してしまったり、子供《こども》を車《くるま》に閉《と》じこめて何時間《なんじかん》もパチンコをしたり、一人部屋《へや》に閉《と》じこもってゲームばかりして、心《こころ》が麻痺《まひ》して家族《かぞく》や他人《たにん》に暴力《ぼうりょく》をふるったりする人もいます。

　ピカピカの自動車《じどうしゃ》も新《あたら》しい服《ふく》もないけれど、うれしそうに笑《わら》いながらお母《かあ》さんにしがみついてオートバイに乗《の》る子供《こども》を見ると、今《いま》の日本《にほん》てなんなのだろうと思《おも》ってしまいます。

　そんな市街地《しがいち》を、チンさんと、通《つう》じてるんだか通《つう》じていないんだかわからないことをしゃべりながら、車《くるま》は郊外《こうがい》の山《やま》のほうへとむかっていきます。

　一時間《じかん》もいくと、さっきまでの車《くるま》がうそのようにいなくなりました。とたんに道沿《みちぞ》いにすごい量《りょう》のゴミの山《やま》の出現《しゅつげん》です。

日本《にほん》の我《わ》が家《や》のあたりもそうですが、町《まち》の人は山《やま》の中など、人の見ていないところにゴミを捨《す》てますが、その比《ひ》ではありません。

「こまったもんだ」とチンさんもあきらめ顔《がお》です。

それぞれの国《くに》で、それぞれいろいろな問題《もんだい》があるもので、住《す》んでいると感《かん》じなくなってしまったり、それがあたりまえとなってしまうのでしょう。

「さあ、巣《す》を探《さが》そう」車《くるま》を空《あ》き地《ち》にとめ、チンさんはいいました。

そこはチンさんがよくいく場所《ばしょ》のようです。はるかに山《やま》がつらなっているのですが、杉《すぎ》や檜《ひのき》の植林《しょくりん》された日本《にほん》の山並《やまな》みとは違《ちが》います。木々《きぎ》の種類《しゅるい》も多《おお》く、太《ふと》さ高《たか》さも日本《にほん》の数倍豊《すうばいゆた》かな感《かん》じです。

たしかにちょっと歩《ある》いただけでサイチョウやゴシキドリ、ナンヨウショウビンなど日本《にほん》では見られないような大きな鳥《とり》やカラフルな鳥《とり》を見ることができました。

鳥《とり》だけではありません。ガサゴソと枝《えだ》から枝《えだ》をサルがつたっていったり、遠《とお》くからなんだかわからない鳴《な》き声《ごえ》が聞《き》こえてきたり、生《せい》命《めい》の気配《けはい》が満《み》ちています。

百m四方《しほう》の中に、二百種類《しゅるい》もの異《こと》なった大きな木が生《は》えている熱《ねっ》帯雨林《たいうりん》という環境《かんきょう》だからこそ、鳥《とり》に限《かぎ》らず多様《たよう》な生命《せいめい》が生《い》きていけ

電線をつたっていく

ゴシキドリ

枝の上でくつろぐサルの夫婦（?）

るのでしょう。

　さすがチンさん。

「Oh《オー》, Sunbird《サンバード》（タイヨウチョウ）」とか、

「Mamoru《マモル》, Mamoru《マモル》, Here《ヒア》, Prinia《プリニア》（ハウチワドリ）」

と、鳥《とり》を見つけることの早《はや》いこと早《はや》いこと。よくくる場所《ばしょ》だから、見つけるのが早《はや》いのはとうぜんといえばとうぜんなのですが、たいしたものです。

　いっぽうぼくは、最近特《さいきんとく》に細《こま》かい鳥《とり》の巣《す》の絵《え》を描《か》くせいで目《め》が悪《わる》くなっているし、見るものすべてが物珍《ものめずら》しくあっち見たり、こっち見たりでチンさんのようにはいきません。

　でもさすがのチンさんでも、巣《す》は、というと別《べつ》で、そうかんたんには見つかりません。

　太《ふと》い木の上のほうにあるワシやタカの巣《す》はすぐ見つかるのですが、その巣《す》は毎年使《まいとしつか》うし、高《たか》すぎてとても登《のぼ》れる場所《ばしょ》ではないので観察《かんさつ》するだけです。

　あっちのやぶを見たり、こっちの木を見上げたり、あれは巣《す》ではないかと双眼鏡《そうがんきょう》をのぞいたり、鳥《とり》をスケッチしながら、一日じゅう二人して「Nest《ネスト》, Nest《ネスト》（巣《す》）」といいながら歩《ある》きまわったのでした。

都会《とかい》の人は知《し》らなくても田舎《いなか》や山《やま》の中に住《す》む人なら、もうすこし鳥《とり》の巣《す》のことを知《し》っているかと思《おも》ったのですが、そうでもありませんでした。山《やま》の中で木を切《き》って暮《く》らしているような人でも「知《し》らないなあ」とか、よくて「ああ、昔《むかし》一度《ど》見たことがある」程度《ていど》で結局《けっきょく》、一本《ぽん》一本《ぽん》、木ややぶを探《さが》しまわるしかないのでした。

その土地《とち》で、日々《ひび》暮《く》らしているということは、その地《ち》の自然《しぜん》をよく知《し》っているということですが、どんな場所《ばしょ》でも鳥《とり》たちはヒナの安《あん》全《ぜん》を守るために工夫《くふう》して巣《す》を作っているので、なかなか見つからないのでしょう。まあ、ぼくとしては、見つからなくても鳥《とり》の巣《す》を探《さが》しているのは楽《たの》しくてしようがないことなので、全然苦《ぜんぜんく》にならないのですけど。

そのうちチンさんもぼくもすこしずつ慣《な》れてきたせいもあるし、基本的《きほんてき》に日本《にほん》に比《くら》べ自然《しぜん》が豊《ゆた》かなぶん、巣《す》も、あるところにはあって、「あっ、あそこあそこ」「おおい、こんなところに……」と見つけるようになりました。

とはいっても、見つけた木に近《ちか》づくだけでも容易《ようい》ではありません。埋《う》もれてしまうような茂《しげ》みをかきわけかきわけ、やっと登《のぼ》って採《さい》取《しゅ》したら、ダニだかなんだかわからない虫《むし》が手のひらいっぱいウワ

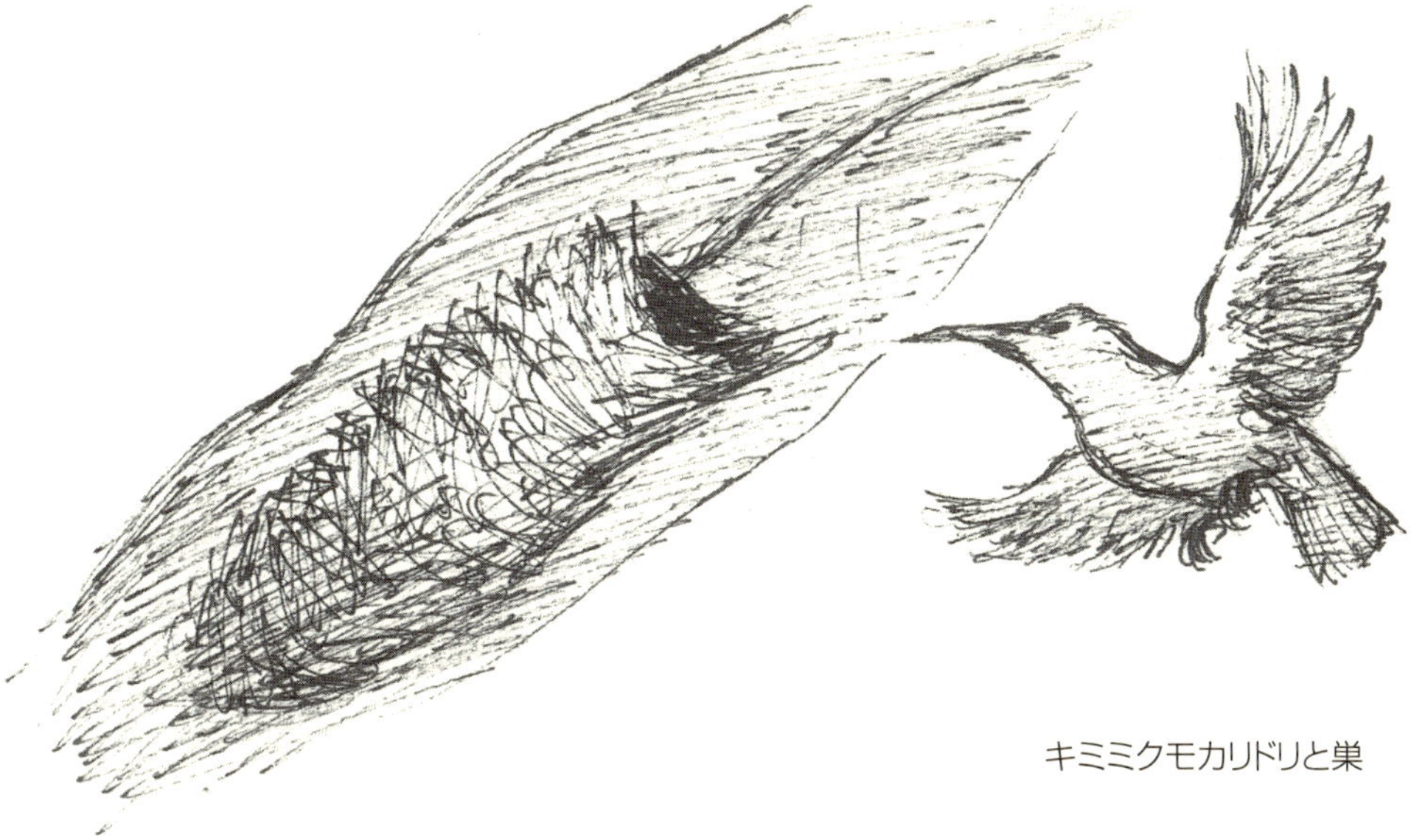

キミミクモカリドリと巣

ーッとたかってきて危《あぶ》なく木から落《お》ちそうになったり、ヒルやダニや、頭《あたま》も歯《は》も日本《にほん》のアリの倍《ばい》もある大きなアリがくいついてきたり……。一筋縄《ひとすじなわ》ではいきません。

どんな鳥《とり》の巣《す》でも見られればよいのですが、いちおうこの地域《ちいき》での今回《こんかい》の本命《ほんめい》はというと……。

ヒロハシ科《か》、タイヨウチョウ科《か》、サイホウチョウ科《か》、クモカリドリ科《か》……。どれも日本《にほん》にいない鳥《とり》で、巣《す》の形《かたち》も日本《にほん》の鳥《とり》では見ることのできないものです。

ヒロハシ科《か》もタイヨウチョウ科《か》の巣《す》も、高《たか》いところにぶらさがったタイプで入口《いりぐち》は横《よこ》むきのカプセルのような巣《す》です。（サイホウチョウ科《か》は30ページ）

クモカリドリ科《か》はバナナの葉《は》の裏《うら》に枯《か》れ草《くさ》を筒《つつ》のように編《あ》んでクモの糸《いと》で縫《ぬ》い合《あ》わせる巣《す》なのです。下向《したむ》きに折《お》れ曲《ま》がった葉《は》の裏《うら》は雨《あめ》にもあたらないし、敵《てき》に見つかることもないというよくできた巣《す》なのです。

山《やま》の中にも野生《やせい》のバナナの木はあるのですが、近《ちか》づきにくいし、バナナ畑《ばたけ》のほうがたくさんあって探《さが》しやすいので、その後《ご》も何度《なんど》かいって探《さが》しているのですが、まだ見つかっていません。

広《ひろ》い広《ひろ》いバナナ畑《ばたけ》は、バナナの葉《は》がダランとのびた腕《うで》のようです。ファンタジー映画《えいが》の妖精《ようせい》の森《もり》のように見えるし、ベーリング海《かい》のラッコの好《す》きなジャイアントケルプの林《はやし》のようにも見え、一本《ぽん》一本《ぽん》のバナナの木が、いまにも動《うご》きだしそうです。

でも、そんな世界《せかい》は、一歩《ぽ》間違《まちが》えば、富士山《ふじさん》の樹海《じゅかい》にはいって、その樹林《じゅりん》に迷《まよ》って帰《かえ》らぬ人と同《おな》じ運命《うんめい》になってしまいます。このままずっと探《さが》し続《つづ》けたいという誘惑《ゆうわく》をたちきり、現実《げんじつ》の世界《せかい》へと帰《かえ》ってくるわけです。

クモカリドリはまた次《つぎ》のお楽《たの》しみとして、今回《こんかい》はヒロハシ科《か》の鳥《とり》の巣《す》を採取《さいしゅ》したことのお話《はなし》をしましょう。

チンさんの運転《うんてん》する車《くるま》は、昨夜《さくや》から降《ふ》りつづく大雨《おおあめ》で山《やま》がざっくりと削《けず》りとられたところを横《よこ》に見ながら、でこぼこくねくねの山道《やまみち》を進《すす》んでいきます。

「ここはいままできたことない」とチンさんは道《みち》の両側《りょうがわ》を見ながら注意《ちゅうい》ぶかく運転《うんてん》しています。

雨《あめ》がやまず視界《しかい》はよくありません。あるかもしれないし、ないかもしれない。でも、見てないと見つからないので気《き》を抜《ぬ》くことはできません。

「あっ、あった」

チンさんがさけびました。指《ゆび》さすほうを見ると一面《いちめん》の木々《きぎ》の葉《は》っぱの中、一本《ぽん》のツルがぶらさがっていて、その先《さき》に一五cmくらいの丸《まる》いものがぶらさがっているではありませんか。

「Silver《シルバー》-Breasted《ブレステッド》 Broadbill《ブロードビル》 の巣《す》だ」とチンさんはいいます。

和名《わめい》はギンムネヒロハシ。チンさんの持《も》っているマレーシアの鳥《とり》の本を見ると、目《め》のまわりが黄色《きいろ》で、翼《つばさ》が黒《くろ》と空色《そらいろ》と茶色《ちゃいろ》の二〇cmくらいの、とてもきれいでかわいい鳥《とり》です（8ページ）。鳥《とり》ももちろんですが、いままでぼくが見た、どの鳥《とり》の本にもでていない初《はじ》めて見る巣《す》です。

ちょうど道《みち》の真上《まうえ》にたれさがったツルで地上《ちじょう》から五メートルくらいでしょうか、どうやって採取《さいしゅ》するかです。サルやヘビでも近《ちか》づけないところに作ってあるのですから、人間《にんげん》に近《ちか》づけるわけがありません。

ほかの鳥《とり》の巣《す》もそうですが、意外《いがい》と山道《やまみち》のそばにあるのは、そこを、たまにでも人間《にんげん》が通《とお》ることでサルやヘビが近寄《ちかよ》りにくいからではないか、というのがチンさんの意見《いけん》です。

地面《じめん》からではとても高《たか》くてとどきませんが、車《くるま》の屋根《やね》の上に乗《の》れ

ばなんとかなりそうです。車《くるま》を巣《す》の下にとめ、チンさんのほうが背《せ》が高《たか》いのでチンさんが乗《の》り、持《も》ってきた、先《さき》に金具《かなぐ》のついた長《なが》い棒《ぼう》でとろうというわけです。

雨《あめ》の降《ふ》る中、チンさんは手をいっぱいにのばし、なんとかツルをからめてたぐりよせ、ツルをカッターで切《き》り、無事《ぶじ》、巣《す》を採取《さいしゅ》することに成功《せいこう》したのです。

巣《す》は雨《あめ》にうたれて濡《ぬ》れていますが、しっかりとしたカプセル型《がた》です。コケや笹《ささ》などの枯《か》れ葉《は》を使《つか》い、入《い》り口《ぐち》の上はひさしのようにとびだしていて、雨《あめ》が中にはいらないようになっているところが、ウマイなあと感心《かんしん》してしまう巣《す》です。

このひさしは巣《す》の材料《ざいりょう》をいれるときに、長《なが》い巣材《すざい》が自然《しぜん》に形作《かたちづく》るもので、理《り》にかなった無駄《むだ》のない形《かたち》をしています。近未来映画《きんみらいえいが》にでてくる家《いえ》にも見えるし、デンマークのデザイナー、ナナ・ディッツェルが考案《こうあん》したブランコ椅子《いす》のようにも見えます。飛《と》べるということがこのような巣《す》を作り、そこで暮《く》らすことを可能《かのう》にさせているのだと感心《かんしん》します。こんな形《かたち》の巣《す》にはいってブラブラゆられて暮《く》らすのは気持《きも》ちの良《よ》いことでしょう。

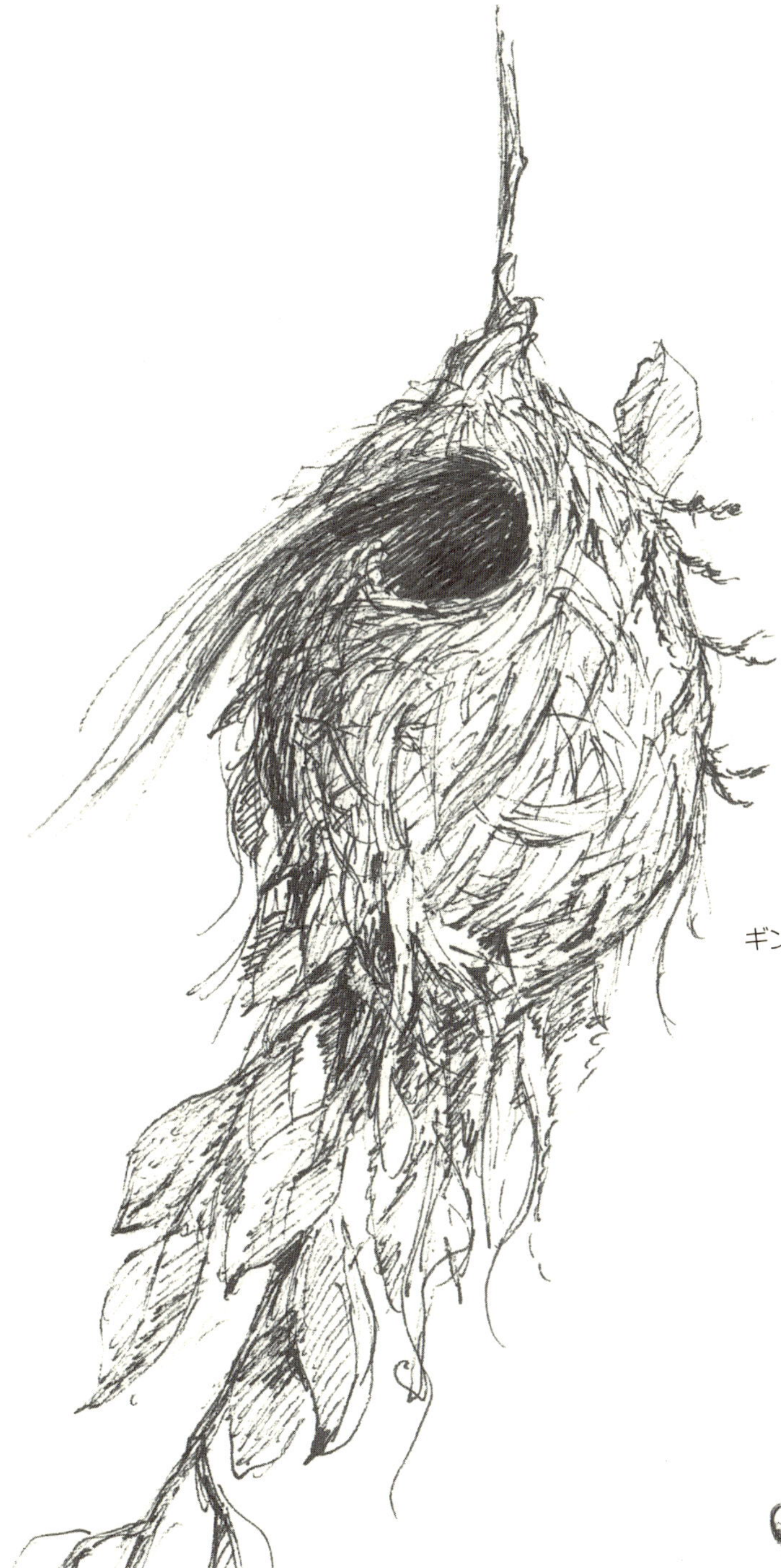

ギンムネヒロハシの巣

ブランコ椅子

チンさんからいろいろ熱帯雨林《ねったいうりん》の鳥《とり》のことを教《おそ》わったおかげで、たくさんの巣《す》を見たり知《し》ることができました。巣《す》をいれたダンボール箱《ばこ》をかかえたぼくは、チンさんと別《わか》れの握手《あくしゅ》をし、再会《さいかい》を誓《ちか》ってクアラルンプール空港《くうこう》を飛《と》び立《た》ち、日本《にほん》のバサラ山《やま》へと帰途《きと》についたのであります。

南《みなみ》アフリカ

ある日洋書《ようしょ》の店《みせ》で、いままで見たことのない本が目にとまりました。

「Nests《ネスツ》 &《アンド》 Eggs《エッグス》 of《オブ》 Southern《サザン》 African《アフリカン》 Birds《バーズ》」（南アフリカの鳥たちの巣と卵）

著者《ちょしゃ》はWarwick《ワーウィック》 Tarboton《ターボトン》という人です。表紙《ひょうし》には巣《す》で卵《たまご》を温《あたた》めている鳥《とり》や巣《す》と卵《たまご》の写真《しゃしん》がでています。

おっ、これはなにかよさそうな予感《よかん》です。本を開《ひら》いてみると、自然《しぜん》のままの巣《す》とその中の卵《たまご》が、たくさん写《うつ》っています。親鳥《おやどり》やヒナが写《うつ》っているのもあります。

ハタオリドリの巣と卵

それが左《ひだり》ページで、右《みぎ》ページはその卵《たまご》だけをとりだした実物大《じつぶつだい》の写真《しゃしん》という構成《こうせい》になっていて、それぞれの鳥《とり》の繁殖生態《はんしょくせいたい》や巣《す》のことが書《か》いてあります。

アフリカだからダチョウから始《はじ》まりペンギン、ペリカン、フラミンゴ。ワシもいればシュモクドリ！　もいる（この巣《す》がまたすごいんだな）。そしてなんと小林先生《こばやしせんせい》のところで見たツリスガラ、さらにはアフリカツリスガラの巣《す》もでているではありませんか。

アフリカツリスガラの巣《す》というのはツリスガラの巣《す》と似《に》ているのですが、なんと本物《ほんもの》の入口《いりぐち》の下に偽物《にせもの》の入口《いりぐち》があって、本物《ほんもの》はいつもは閉《し》まっている、という信《しん》じられないような伝説的《でんせつてき》な巣《す》なのであります。

さらにさらに、アフリカだからハタオリドリの巣《す》もたくさんのっているし、いままで見たことのないような巣《す》もたくさんでていて、これはもう絶対誰《ぜったいだれ》が止《と》めようとも買《か》うぞ！、とレジに持《も》っていったのです。帰《かえ》りの新幹線《しんかんせん》の中でも見たし、家《いえ》に帰《かえ》っても見続《みつづ》けました。

六八六種《しゅ》の卵《たまご》、三九〇種《しゅ》の巣《す》がでています。中には屋外《おくがい》でシャカイハタオリの巣《す》を見ている人の写真《しゃしん》もあるではありませんか！

シャカイハタオリの巣《す》といったら、大きな巣《す》を作ることで有名《ゆうめい》で、

シャカイハタオリの巣

ワーウィックさんのかいた絵

世界《せかい》の七不思議《ななふしぎ》のような鳥《とり》で、その巣《す》の大きさは七mもあるといわれています。

その巣《す》を見ている人がWarwick《ワーウィック》さんなのでしょうか。

それに文章《ぶんしょう》が書《か》いてあるページの、ところどころにペン画《が》で鳥《とり》の絵《え》や巣《す》を観察《かんさつ》している人の絵《え》が描《か》いてあります。その絵《え》はとても味《あじ》のある絵《え》で、出版社《しゅっぱんしゃ》からたのまれてほかの人が描《か》いたのではなく著《ちょ》者《しゃ》自《みずか》ら描《か》いたに違《ちが》いないものです。（これは自分《じぶん》も絵《え》を描《か》く人間《にんげん》なのでわかるのです）

本をよく見たら、編集者《へんしゅうしゃ》やデザイナーの名《な》が書《か》いてあるところにIllustrator《イラストレイター》（絵《え》を描《か》いた人）Warwick《ワーウィック》 Tarboton《ターボトン》とあります。やっぱりです。

鳥類学者《ちょうるいがくしゃ》で絵《え》も描《か》く、このWarwick《ワーウィック》さんとはいったいどういう人なのでしょう。Southern《サザン》 Africa《アフリカ》だからやっぱり南《みなみ》アフリカに住《す》んでいるのでしょうか。

南《みなみ》アフリカ。日本《にほん》からみるとちょうど地球《ちきゅう》の反対側《はんたいがわ》。小倉《おぐら》さんのいっていたケニヤよりもっと遠《とお》くで約《やく》一万五千㎞も離《はな》れているところです。

Mr.《ミスター》 Warwick《ワーウィック》 Tarboton《ターボトン》 さま

さあ、どうするか。南《みなみ》アフリカだし電話番号《でんわばんごう》もわかりません。

ここはやっぱり、コッホさんと同《おな》じで出版社宛《しゅっぱんしゃあて》に手紙《てがみ》を書《か》いて著《ちょ》者《しゃ》に転送《てんそう》してもらうしかないでしょう。

Dear《ディア》 Mr.《ミスター》 Warwick《ワーウィック》 Tarboton《ターボトン》

「こんにちは、ぼくは日本《にほん》で絵《え》を描《か》いています。ぼくは鳥《とり》の巣《す》が大《だい》好《す》きです。あなたの「Nests《ネスツ》 &《アンド》 Eggs《エッグス》 of《オブ》 Southern《サザン》 African《アフリカン》 Birds《バーズ》」を見ました。とっても素晴《すば》らしいです。」

というような手紙《てがみ》を書《か》いて、ぼくの描《か》いた鳥《とり》の巣《す》の絵本《えほん》と絵《え》ハガキをいれ南《みなみ》アフリカにむけ郵便局《ゆうびんきょく》から送《おく》りだしたのであります。

それからどのくらいたったでしょうか、ある日郵便《ゆうびん》受けにカラフルな鳥《とり》の切手《きって》をはった封筒《ふうとう》がはいっていました。

Warwick《ワーウィック》さんからです。

開《あ》けるとものすごくくせのある字《じ》で、読解困難《どっかいこんなん》なところがたくさんあるけれど、次《つぎ》のようなことが書《か》いてあるようでした。

とてもきれいな本をありがとう、私《わたし》は子供《こども》のころから鳥《とり》が好《す》きで、

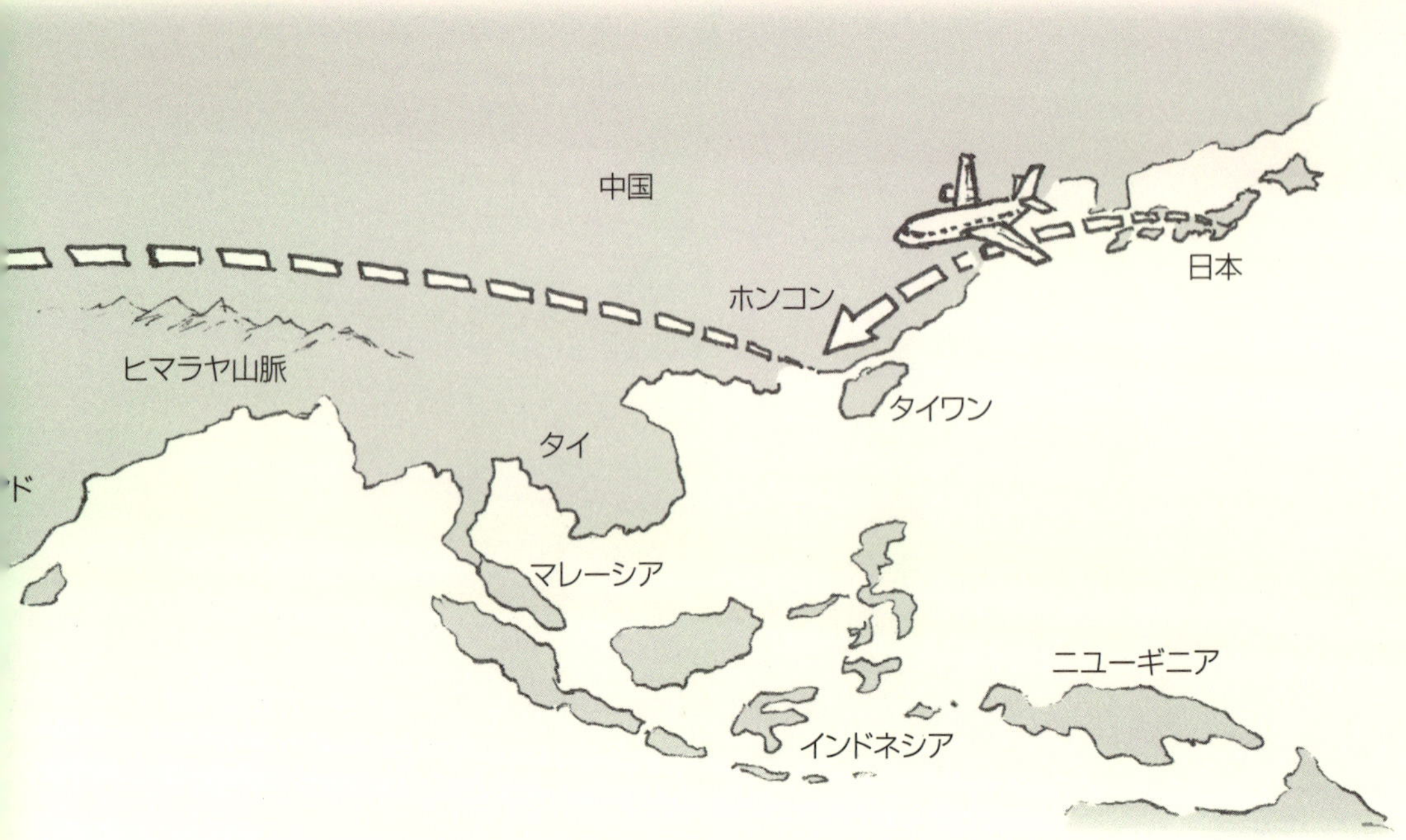

いまはトンボの研究《けんきゅう》をしている、などと書《か》いてあるようです。あまりにくせ字《じ》なので、ちょっと不安《ふあん》になったのですが、それからときどき手紙《てがみ》のやりとりをするようになりました。

そして、何通目《なんつうめ》かの手紙《てがみ》に……

「あなたに今年《ことし》の繁殖期《はんしょくき》が終《お》わったら、いくつかの鳥《とり》の巣《す》を送《おく》ろうと思《おも》っているが、もしあなたが南《みなみ》アフリカにこられるなら、とてもうれしいし、あなたも巣《す》を持《も》って帰《かえ》れるでしょう」

よおーし。いこう、いこう、いこう。南《みなみ》アフリカでもどこでもいこうじゃないか！

ということで、そちらはいつが都合《つごう》がよいか、ついでにそちらで鳥《とり》の巣《す》を探《さが》せるだろうか？　と聞《き》いたところ、なんとWarwick《ワーウィック》さんの教《おし》え子《ご》が鳥《とり》のガイドさんをしているそうです。

名前《なまえ》はMartin《マーチン》 Benadie《ベナディ》。

それからぼくはマーチンと連絡《れんらく》をとって、ぼくの見たい鳥《とり》の巣《す》を伝《つた》え、それぞれの日程《にってい》を調整《ちょうせい》し、スケッチブックやカメラやフィルム、帽子《ぼうし》に虫《むし》さされの薬《くすり》、折《お》り紙《がみ》とか日本《にほん》のお菓子《かし》のおみやげをかばんにつめ、バサラ山《やま》を出発《しゅっぱつ》しました。

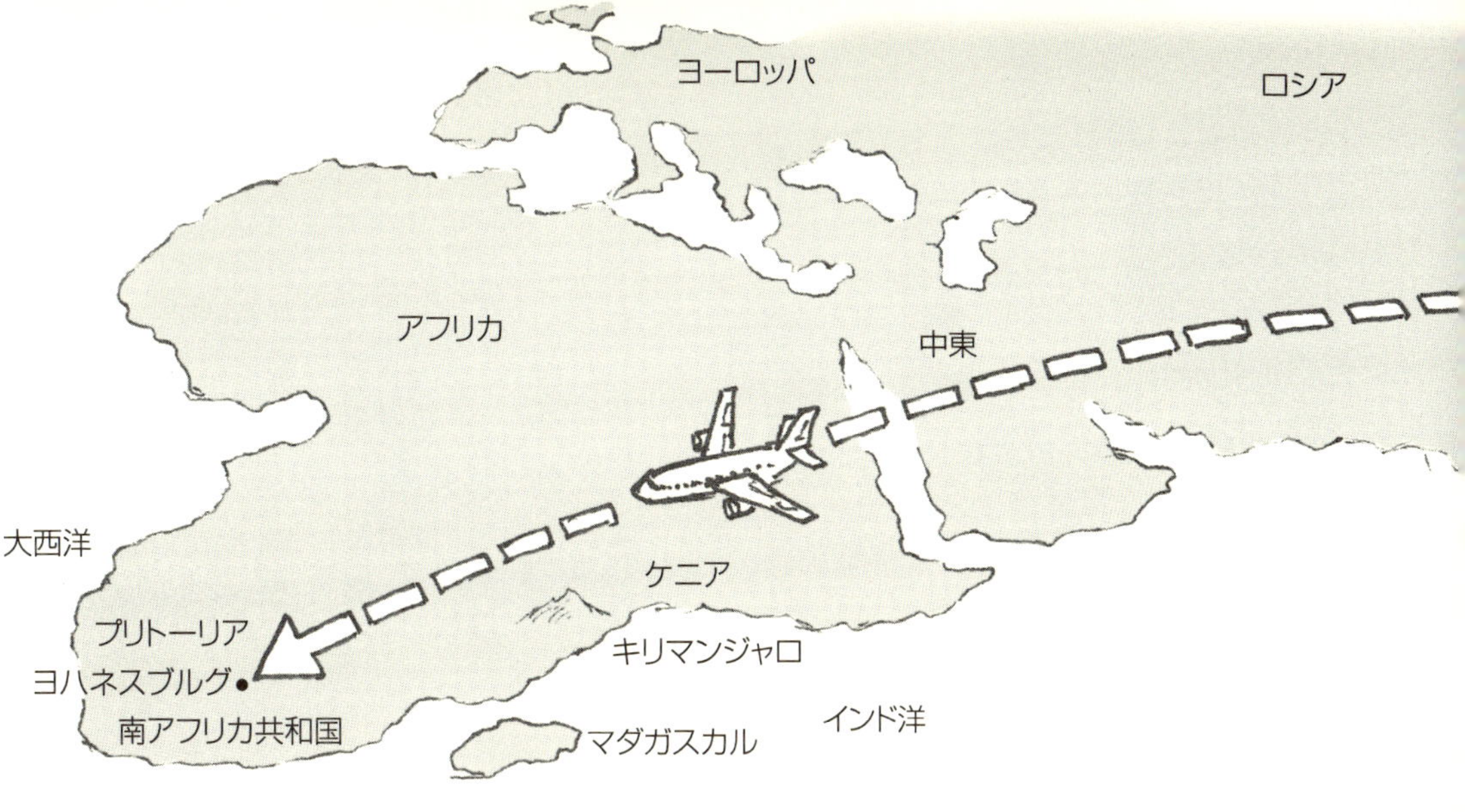

いざ南《みなみ》アフリカへ

成田《なりた》発《はつ》キャセイパシフィック航空《こうくう》ホンコン経由南《けいゆみなみ》アフリカ、ヨハネスブルグ行きは定刻《ていこく》六時《じ》三〇分《ぷん》成田《なりた》を離陸《りりく》しました。

このアフリカ旅行《りょこう》から帰《かえ》るとすぐに、東京《とうきょう》の銀座《ぎんざ》で鳥《とり》の巣《す》の展覧《てんらん》会《かい》が決《き》まっていたので、午前中《ごぜんちゅう》に展覧会場《てんらんかいじょう》に鳥《とり》の巣《す》を搬入《はんにゅう》してからというハードスケジュールで、どうなることやらと思《おも》ったのですが、無事飛行機《ぶじひこうき》に乗《の》れ、あとは野《の》となれ山《やま》となれです。

機内食《きないしょく》はウナギとキンピラ。

映《うつ》りの悪《わる》い座席《ざせき》のテレビでデビット・ボウイの昔《むかし》のコンサートを見たり、英語《えいご》の一夜漬《いちやづ》けをしたり、南《みなみ》アフリカの勉強《べんきょう》をしました。

ここですこし南《みなみ》アフリカの紹介《しょうかい》をしましょう。

南《みなみ》アフリカ共和国《きょうわこく》はアフリカ大陸《たいりく》の最南端《さいなんたん》。西《にし》は大西洋《たいせいよう》、東《ひがし》は温《おん》暖《だん》なインド洋《よう》に面《めん》し、世界《せかい》でも有数《ゆうすう》の多様《たよう》な生態系《せいたいけい》を生《う》みだしているそうです。南半球《みなみはんきゅう》なので季節《きせつ》は日本《にほん》とは反対《はんたい》です。日照時間《にっしょうじかん》が世《せ》界《かい》で最《もっと》も長《なが》い国《くに》のひとつになっています。

首都《しゅと》はプリトーリア。金《きん》やダイヤモンドの世界的産地《せかいてきさんち》です。白人《はくじん》

飛行場の案内板
ヨハネスブルグとかいてあるようだ

を保護《ほご》するアパルトヘイト政策《せいさく》（人種隔離政策《じんしゅかくりせいさく》）を続《つづ》けていましたが、一九九〇年代《ねんだい》にようやく廃止《はいし》したそうです。

そんな南《みなみ》アフリカの勉強《べんきょう》をしているあいだに夜《よる》の十一時《じ》三〇分《ぷん》。飛行機《ひこうき》は無事《ぶじ》ホンコンに到着《とうちゃく》。ここで乗《の》り換《か》えです。

待合《まちあ》いゲートには、とても大きくてツヤツヤした肌《はだ》のアフリカの人やアラブ系《けい》の人、民族衣装《みんぞくいしょう》の女《おんな》の人、等々《などなど》。

眠《ねむ》いような眠《ねむ》たくないようなまま、新《あら》たな飛行機《ひこうき》に乗《の》りこんだら、隣《となり》の席《せき》はさっき待合《まちあ》いロビーにいたツヤツヤの人でした。その大きいことといったらクマのようです。怖《こわ》そうだけど話《はな》しかけたら、DANIEL《ダニエル》という名前《なまえ》で、ガーナから仕事《しごと》できて帰《かえ》るところだそうです。ぼくがダニエルさんをスケッチしているのを見つけて斜《なな》め後《うし》ろの白人《はくじん》の人が話《はな》しかけてきました。その人は大阪《おおさか》の学習塾《がくしゅうじゅく》の人で南《みなみ》アフリカにもその塾《じゅく》があるそうです。

そんなこんなで時差《じさ》があったり、地球《ちきゅう》の自転《じてん》と逆方向《ぎゃくほうこう》に進《すす》んでいくので、どのくらい飛行機《ひこうき》に乗《の》っていたかわかりにくいけれど十三時間後《じかんご》の朝《あさ》の五時《じ》三〇分《ぷん》、無事《ぶじ》南《みなみ》アフリカ・ヨハネスブルグ（あっちの人はジョハネスバーグといっている）に到着《とうちゃく》したのです。

マーチン

ダニエル

南《みなみ》アフリカ到着《とうちゃく》

入国《にゅうこく》ロビーをでるとスラッと背《せ》の高《たか》い青年《せいねん》が「MAMORU《マモル》 SUZUKI《スズキ》」の紙《かみ》を持《も》って待《ま》っていてくれました。これがマーチンのようです。ちょっと俳優《はいゆう》のキアヌ・リーブスみたいです。

「Hello《ハロー》, Martin《マーチン》. Nice《ナイス》 to《トゥ》 meet《ミート》 you《ユー》. My《マイ》 name《ネイム》 is《イズ》 Mamoru《マモル》 Suzuki《スズキ》」

とかなんとかいって握手《あくしゅ》しました。

「I'm《アイム》 sorry《ソーリー》, I《アイ》 can't《キャント》 speak《スピーク》 English《イングリッシュ》」（ごめんなさい、ぼくは英語《えいご》が話《はな》せません）とぼくがいうと、

「Oh《オー》, I'm《アイム》 sorry《ソーリー》, I《アイ》 can't《キャント》 speak《スピーク》 Japanese《ジャパニーズ》」（オー、ごめんなさい、ぼくは日本語《にほんご》が話《はな》せません。）とMartin《マーチン》は笑《わら》っていいました。というかんじでマーチンとの旅《たび》は始《はじ》まったのです。

その日は一五〇kmほど離《はな》れたWarwick《ワーウィック》先生《せんせい》のお宅《たく》のあるNylstroom《ニルストローン》にいくのです。

早朝《そうちょう》のせいなのか、季節《きせつ》が秋《あき》のせいなのか、空気《くうき》はとても澄《す》んでいてさわやかです。アフリカといってもケニヤのあたりは赤道直下《せきどうちょっか》ですが、このあたりは赤道《せきどう》から三千kmも離《はな》れているからでしょうか。

春《はる》なのにジリジリと暑《あつ》かった昨日《きのう》の日本《にほん》がうそのようです。

アフリカだからマーチンの車《くるま》は、でかい車《くるま》かと思《おも》ったら、ふつうの日本車《にほんしゃ》で「でかい車《くるま》だとエンジンの音《おと》がうるさくて鳥《とり》が逃《に》げる」からだそうです。

マーチンの車《くるま》は高速《こうそく》をビュンビュンすっ飛《と》ばしていきます。聞《き》いていたとおり、町《まち》はとってもきれいで、たしかにヨーロッパのようです。

そのうち郊外《こうがい》となり、景色《けしき》はやたらと広《ひろ》く明《あか》るくなっていきます。そうして車《くるま》は高速《こうそく》を降《お》り、どんどん田舎道《いなかみち》になっていきました。田舎道《いなかみち》といってもここはアフリカ、あっちこっちにカラフルな鳥《とり》が出現《しゅつげん》するようになりました。

マレーシアのチンさんも鳥《とり》を見つけるのが早《はや》いけれど、マーチンも負《ま》けていません。

急《きゅう》に路端《みちばた》に車《くるま》をとめるととびおり、遠《とお》くを指《ゆび》さし、「Black《ブラック》-shouldered《ショルダード》 kite《カイト》, male《メイル》, young《ヤング》」（カタグロトビのオスの若《わか》いの）

見ても、広《ひろ》い広《ひろ》い空《そら》があるだけで、どこにいるのか全然《ぜんぜん》わかりません。よく見ると、ぽちっと遠《とお》くに点《てん》があります。こちらが目が悪《わる》いのをさしひいても、あんな遠《とお》くの鳥《とり》のオスメスや成鳥《せいちょう》か若《わか》いか見《み》分《わ》けるとは恐《おそ》ろしい視力《しりょく》です。広《ひろ》い平原《へいげん》に住《す》むモンゴルの人も目がいいようですが、アフリカも広《ひろ》いから目が良《よ》いのでしょうか。

Lilac-breasted Roller《ライラック ブレステッド ルーラー》　ライラックニシブッポウソウ

Striped Kingfisher《ストライプト キングフィッシャー》　タテフコショウビン

Forktailed Drongo《フォークテイルド ドロンゴ》　クロオウチュウ

鳥好《とりず》きの人が見たら大喜《おおよろこ》びするような、カラフルで特徴《とくちょう》のある鳥《とり》たちがぞくぞくとでてきます。小倉《おぐら》さんが何度《なんど》もきた気持《きも》ちがわかります。

道《みち》はとうとう舗装《ほそう》されていない赤《あか》い土《つち》の道《みち》になりました。後《うし》ろを見ると、もうもうと土《つち》ぼこりでなにも見えません。めったにほかの車《くるま》とはすれ違《ちが》いませんが、そのときは大変《たいへん》です。すれ違《ちが》ってしばらくはほんとになにも見えません。

道沿《みちぞ》いにはずっとワイヤーが張《は》ってあり個人《こじん》の土地《とち》の境界《きょうかい》だそうで、男《おとこ》の人たちがワイヤーを張《は》る木のクイを立てたり、刀《かたな》みたいなのを振《ふ》り回《まわ》しています。草《くさ》を刈《か》っているようです。どの家《いえ》も恐《おそ》ろしく広《ひろ》い土地《とち》を持《も》っているようです。

そんないっぽうで、ところどころに畳二畳《たたみにじょう》くらいだかのマッチ箱《ばこ》

タテフコショウビン

ライラックニシブッポウソウ

クロオウチュウ

のような小屋《こや》が数十軒《すうじゅっけん》かたまって建《た》っているところがあります。昔《むかし》からのアフリカ系《けい》アフリカ人《じん》たちの家《いえ》です。

人種差別政策《じんしゅさべっせいさく》が表向《おもてむ》きなくなっても、それまでずっと続《つづ》いてきた貧富《ひんぷ》の差《さ》や生活《せいかつ》は、そうそうぱっとは変《か》わらないのでしょう。

地平線《ちへいせん》まで続《つづ》く一本道《いっぽんみち》を走《はし》っていると、もくもくと歩《ある》いている人を何人《なんにん》も見ました。

車《くるま》でずっと村《むら》もなにもないところを走《はし》っていると、地平線《ちへいせん》のほうにぽつんと人があらわれ、その人とすれ違《ちが》ってその後《あと》ずっと走《はし》っても村《むら》もなにもないのです。いったいどこから歩《ある》いてきて、どこへいくのでしょうか。

車《くるま》や交通手段《こうつうしゅだん》がないからなのですが、こんな広《ひろ》い大地《だいち》を一人《ひとり》でひたすら前《まえ》をむいて歩《ある》いている、ということが、とても新鮮《しんせん》でした。

いま、日本《にほん》では携帯電話《けいたいでんわ》を見ながら歩《ある》いている人がたくさんいます。いつもなにかとつながっていないと不安《ふあん》なのでしょうか。どこにいくにも携帯《けいたい》に指示《しじ》され、なにをするにも携帯《けいたい》です。いい景色《けしき》も見ないし、気持《きも》ちの良《よ》い風《かぜ》も感《かん》じないし、鳥《とり》たちのさえずりだって聞《き》こえていないようです。

電車《でんしゃ》のホームで、どの電車《でんしゃ》に乗《の》るのか携帯《けいたい》を見て調《しら》べている人の

どこから来て、どこへ行くのか…

シュモクドリの巣

目の前《まえ》で、電車《でんしゃ》のドアが閉《し》まっていました。携帯《けいたい》なんか見てないで、しっかり自分《じぶん》の目の前《まえ》の世界《せかい》を見ていればわかることだったのに。必要《ひつよう》で使《つか》うのはいいけど、あまりに携帯《けいたい》だけにたよりすぎるのもどうかと思《おも》います。

地平線《ちへいせん》まで続《つづ》く一本の道《みち》、その先になんの目的《もくてき》でいくのか。しっかり自分《じぶん》の意思《いし》で歩《ある》いていける人になろうと思《おも》ったのでした。

そうこうしているとマーチンが車《くるま》をとめました。車《くるま》を降《お》りるとマーチンはワイヤーの柵《さく》をくぐり、がさがさと茂《しげ》みの中にはいっていきます。あとについていくと……。

一本の木が生《は》えていてその上には、なんとなんと!

シュモクドリの巣《す》があるではないですか。マーチンはどうだ、とばかりにうれしそうに笑《わら》ってぼくを見ています。

「Good《グッド》! Good《グッド》! Very《ベリー》, very《ベリー》 good《グッド》!」

ぼくはマーチンにピースサインを送《おく》りました。

これかあ、これがシュモクドリの巣《す》か。すごい。

世界《せかい》の鳥《とり》の巣《す》を調《しら》べ始《はじ》めた最初《さいしょ》のころ、どんな形《かたち》か全然《ぜんぜん》わからなかった巣《す》です。(39ページ)

たしかに木のV《ブイ》型《がた》のところで小枝《こえだ》の山《やま》で入口《いりぐち》にトンネルがありま

す。コーサ族《ぞく》の伝説《でんせつ》といわれる巣《す》の中の部分《ぶぶん》はわかりませんが、外《がい》観《かん》は洋書《ようしょ》に書《か》いてあるとおりで一m以上《いじょう》あります。

アメリカのWFVZで、たくさんの巣《す》を探《さが》したのですが、さすがにシュモクドリの巣《す》は大きすぎて本物《ほんもの》がなくて見られなかったのです。結局絵《けっきょくえ》を描《か》くにあたり、洋書《ようしょ》を探《さが》しまくり、何枚《なんまい》かの写真《しゃしん》を見つけ、さらに大阪《おおさか》の動物園《どうぶつえん》でオリの中に作った巣《す》を見にいって、絵《え》を描《か》いたのですが、自然《しぜん》の形《かたち》とはほど遠《とお》く、どうしても自然《しぜん》の形《かたち》のものを見たかったのです。

マーチンには事前《じぜん》に、そんな見たい巣《す》のリストを送《おく》って旅行《りょこう》のプランを立《た》ててもらっていたのです。

しかし、実際《じっさい》に見ると、こんなに大きいとは……。と、思《おも》ってぼうぜんとしていたら、

「もうひとつもっと大きいのがある」そうで「明日《あす》にでもいこう」ということになりました。

がさごそと茂《しげ》みからでて車《くるま》に乗《の》ってスタートしたらまたすぐとまりました。道《みち》になにか太《ふと》くて長《なが》いものがいます。

「パフェーダー」猛毒《もうどく》のヘビで、アフリカではこのヘビにかまれて死亡《しぼう》する人が一番多《いちばんおお》いそうです。たしかに頭《あたま》は三角《さんかく》だし目つきもも

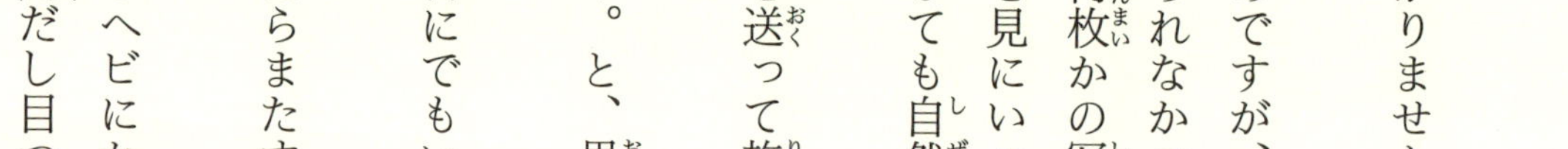

パフェーダー＝猛毒を持つクサリヘビ科のヘビ

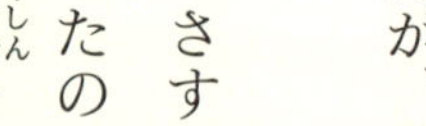

のすごく怖《こわ》そうです。

日本《にほん》のヘビみたいにヘニョヘニョクネクネとは進《すす》みません。体全《からだぜん》体《たい》が、なんか戦車《せんしゃ》のキャタピラみたいにジョワワワと不気味《ぶきみ》な進《すす》み方《かた》をして道《みち》のわきの草《くさ》むらにはいっていきました。

ひょっとして、ちょっと時間《じかん》と場所《ばしょ》がずれていたら、かなり危険《きけん》だったかもしれません。というか友達《ともだち》のパフェーダーがさっきのシュモクドリの木の下にいたかもしれません。

油断《ゆだん》は禁物《きんもつ》だな心《こころ》してかかろう、と肝《きも》に銘《めい》じました。

それからしばらく、また赤土《あかつち》の道《みち》をいき、車《くるま》はちょっと大きな石《いし》のところを曲《ま》がって私道《しどう》のような道《みち》にはいっていきました。

ここがWarwick（以下《いか》、ワーウィック）先生《せんせい》の家《いえ》だそうです。といっても敷地《しきち》にはいっただけで家《いえ》なんてありません。道《みち》の両側《りょうがわ》は、ずっと高《たか》さ五〜六メートルの樹《き》がはえ、茂《しげ》みが続《つづ》いています。アフリカというと、ケニヤのサバンナのような広《ひろ》くてあまり木や草《くさ》の生《は》えていないところというイメージを持《も》っていたのですが、そういう場所《ばしょ》だけではないようです。

車《くるま》はコトコト、コトコトどこまでも走《はし》ります。いったい家《いえ》はどこなんだ、と思《おも》ううち、やっと開《ひら》けた草原《そうげん》にでて、進行方向左《しんこうほうこうひだり》のほう

に石作《いしづく》りの大きくて立派《りっぱ》な家《いえ》が見えてきました。

家《いえ》の横《よこ》には、風力発電《ふうりょくはつでん》のプロペラが回《まわ》っています。すごい。さすがワーウィック先生《せんせい》、どんな人なのだろうと、ドキドキしてきます。

ところが車《くるま》はその家《いえ》にはとまらず、あいかわらず走《はし》っていきます。

マーチンに聞《き》くと、「あれは、ゲストハウス（客用《きゃくよう》の家《いえ》）」なのだそうです。それから今度《こんど》は右側《みぎがわ》に別《べつ》の家《いえ》が見えてきました。「これは、使用人《しようにん》の人の家《いえ》」だそうです。

いったいぜんたい、まったくなんという世界《せかい》なのだ、ここは。

車《くるま》はまたトコトコ広《ひろ》い広《ひろ》い草原《そうげん》を走《はし》ります。ほんとにこの先《さき》にワーウィック先生《せんせい》はいるのだろうか。こんな個人《こじん》の家《いえ》ってあるのかと心配《しんぱい》になったころ、緑《みどり》の木立《こだち》の中に家《いえ》が見えてきました。茶色《ちゃいろ》のかわらと塗《ぬ》り壁《かべ》のとても落《お》ちついた感《かん》じのたたずまいの家《いえ》です。

「ここがワーウィック先生《せんせい》の家《いえ》」だそうです。

ぼくらが車《くるま》から降《お》りると、半《はん》ズボンにポロシャツの六〇代後半《だいこうはん》の男《おとこ》の人と女《おんな》の人がでてきました。

ワーウィック先生《せんせい》と奥《おく》さんのミッシェルさんです。

字《じ》がくせ字《じ》で、どんな人かとちょっと心配《しんぱい》だったのですが、とても気《き》さくで知的《ちてき》で落《お》ちついた感《かん》じの方《かた》で、話《はな》し方《かた》も発音《はつおん》も、とても

ワーウィックさん
ミッシェルさんご夫婦

魅力的《みりょくてき》な人でした。ミッシェルさんもすごくやさしいお母《かあ》さんというかんじで温《あたた》かくぼくを迎《むか》えてくれたのでした。（本のシャカイハタオリの巣《す》のそばにいたのは奥《おく》さんのミッシェルさんでした）

室内《しつない》はきれいにかたづいていて鳥《とり》の絵《え》が何枚《なんまい》もかけられています。巣《す》も！　すぐにぼくがそれを見つけると先生《せんせい》はうれしそうに、「Chin《チン》-spotted《スポテッド》 Puff《パフ》-back《バック》 Flycatcher《フライキャッチャー》」アゴフセワタビタキーと教《おし》えてくれました。

そうかこれか、これも見たかったのだ。

「そこの木にあった」とワーイックさんは中庭《なかにわ》を指《ゆび》さしました。庭《にわ》といったって、ほとんど地平線《ちへいせん》までです。

まったく驚《おどろ》くのをとおりこしていやになります。こういう世界《せかい》が日本《にほん》と同《おな》じ地球《ちきゅう》の上にあるのでした。同《おな》じ国《くに》の中の、マッチ箱《ばこ》のような家《いえ》からみても、まったく別世界《べっせかい》のようです。

紅茶《こうちゃ》とクッキーをいただき、（一九世紀《せいき》にイギリス人がやってきてずっと支配《しはい》していたせいもあり、白人《はくじん》の人たちの暮《く》らしはイギリス的《てき》なようです）。日本《にほん》からのおみやげ（折《お》り紙《がみ》と和菓子《わがし》—Oh《オー》, Beautiful《ビューティフル》!　と喜《よろこ》んでもらえた）をわたし、先生《せんせい》がいまやっているトンボの研究《けんきゅう》をしている池《いけ》や庭《にわ》を散策《さんさく》したあと、仕事場《しごとば》—別棟《べつむね》にい

メンガタハタオリ

オビバネハタオリ

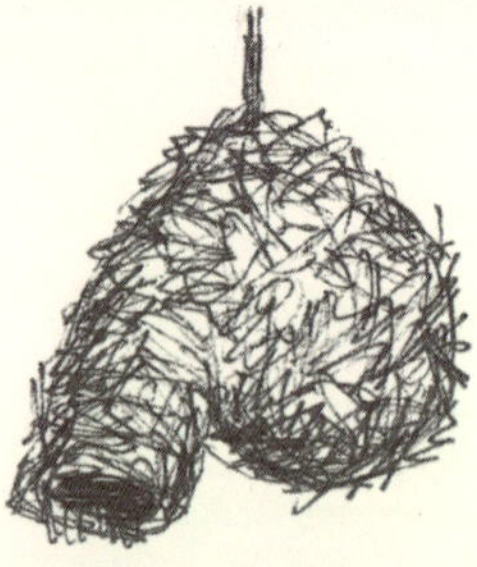
コメンガタハタオリ

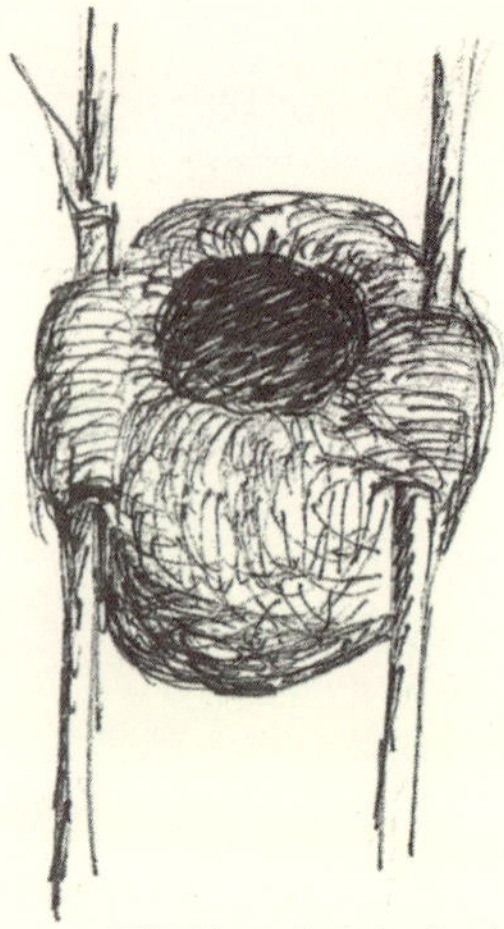
ズアカコウヨウチョウ

きました。

歩《ある》いてすぐのところで、部屋《へや》に入《はい》ると壁《かべ》に巣《す》がズラリとならんでいるではありませんか。

「Oh《オー》, Fantastic《ファンタスティック》 !」思《おも》わず英語《えいご》がでてしまいましたねえ。

十三種類《しゅるい》ものハタオリドリの巣《す》がズラリとならんでいて、それぞれの形《かたち》の違《ちが》いがわかります。一目瞭然《いちもくりょうぜん》とはこのことです。

ハタオリドリ以外《いがい》にもたくさんの鳥《とり》の巣《す》が壁《かべ》にとめてあります。初《はじ》めて実物《じつぶつ》を見る巣《す》、知《し》らない巣《す》、先生《せんせい》の本にでていた巣《す》もあります。

それからひとつひとつの巣《す》の説明《せつめい》を聞《き》き、ヒエー、とかオーとか自分《じぶん》の持《も》っているすべての感嘆《かんたん》の言葉《ことば》をはき、「いくつかあげよう」といわれたときには、もう、言葉《ことば》がありませんでした。

今回《こんかい》の旅《たび》の計画《けいかく》は、明日《あした》からマーチンと二人《ふたり》で森《もり》、草原《そうげん》、砂漠《さばく》といった異《こと》なる環境《かんきょう》を数日《すうじつ》ごとに移動《いどう》して巣《す》を探《さが》す予定《よてい》です。そんなわけでいただける巣《す》は先生《せんせい》のところに置《お》いといてもらい、旅行《りょこう》のいちばん最後《さいご》にまたとりにくるということにしました。

その日は先生《せんせい》の家《いえ》から、いちばん近《ちか》い宿泊用《しゅくはくよう》のロッジで、みんなで夕食《ゆうしょく》を食《た》べたあと、先生《せんせい》が鳥《とり》や巣《す》のスライドを見せてくれました。

さあ、アフリカの鳥《とり》の巣《す》探《さが》しの旅《たび》は始《はじ》まったのです。

翌朝《よくあさ》、陽《ひ》が昇《のぼ》る前《まえ》に起床《きしょう》、世《せ》界的《かいてき》に貴重《きちょう》な水鳥《みずどり》の生息地《せいそくち》のニルスヴェリー自然保護区《しぜんほごく》にいきました。

まずいったのは葦原《あしはら》のようなところで、かぎりなく静《しず》かで広《ひろ》い空《くう》間《かん》の中、アフリカレンカクはじめたくさんの水鳥《みずどり》、遠《とお》くにはネジツノカモシカ、インパラと、絵《え》にも描《か》けない美《うつく》しい光景《こうけい》です。

キリリと冷《つめ》たい空気《くうき》は信《しん》じられないくらい澄《す》んでいて、もう、この風景《ふうけい》を見られただけでこの旅行《りょこう》は成功《せいこう》だと思《おも》えるくらい満足《まんぞく》するものでしたが、それで許《ゆる》してくれるほど南《みなみ》アフリカは甘《あま》いものではありませんでした。

車《くるま》で草原《サバンナ》のようなところへ移動《いどう》すると、とつぜん目の前《まえ》の木のかげからキリンが現《あらわ》れたりインパラが現《あらわ》れたり。足元《あしもと》を見るとポキュパイ（ヤマアラシ）やジャッカルの足跡《あしあと》があったり、食《た》べられたインパラの骨《ほね》がころがっていたりと、ここがアフリカであることを実《じつ》感《かん》させられます。

そしてついに、一本《いっぽん》の木にたわわに実《みの》った果物《くだもの》ではなく、ハタオリドリの巣《す》がぶらさがっている光景《こうけい》が目にとびこんできたのであり

ニルスヴェリー自然保護区

ます。

「Oh《オー》, My《マイ》 God《ゴッド》!」「Fantastic《ファンタスティック》!」「Wonderful《ワンダフル》!」

あまりビックリマークはいれたくないけどしかたありません。

何度《なんど》も写真《しゃしん》で見ていた、アフリカ特有《とくゆう》の、上のほうがひらたくなった形《かたち》のアカシアの木。その枝先《えださき》にいくつものハタオリドリの巣《す》がついているではありませんか。典型的《てんけいてき》なハタオリドリの巣《す》の風景《ふうけい》です。

「Sparrow《スパロー》 Weaver《ウィーバー》」マミジロスズメハタオリです。

ああ、この光景《こうけい》が見たかったのですよ、これが。何度《なんど》夢《ゆめ》にでてきたことでしょう。(いまもあいかわらず鳥《とり》の巣《す》の夢《ゆめ》は見ているのですが)

うまく採取《さいしゅ》することができ、よく見ると穴《あな》がふたつあいていています。

小倉《おぐら》さんにもらった巣《す》にもふたつの穴《あな》のがありました。

「Why《ホワイ》?」なぜ？　マーチンに聞《き》くと、

「Emergency《エマジェンシー》　exit《イクジット》」非常口《ひじょうぐち》だそうです。

敵《てき》に襲《おそ》われたとき逃《に》げられるようになっているそうです。

フーン、そうか、そうだったのか。かしこい。

その後《ご》もSouthern《サザン》 Masked《マスクド》 Weaver《ウィーバー》　メンガタハタオリ、

マミジロスズメハタオリの巣

メンガタハタオリの巣

Southern《サザン》 Red《レッド》 Bishop《ビショップ》　キンランチョウとハタオリドリ科《か》の巣《す》をつぎつぎと見つけることができました。どちらも、これは近《ちか》づけないなと思《おも》うような木の上や川《かわ》の中の茂《しげ》みです。ふうふういいながらやっとの思《おも》いでその巣《す》を手にとると、なんて平和《へいわ》な形《かたち》をしていることでしょう。この場所《ばしょ》でこうやって大切《たいせつ》な命《いのち》を育《そだ》てていたということが、小さな丸《まる》い形《かたち》の巣《す》から伝《つた》わってきてうれしくなります。

あの幻《まぼろし》の鳥《とり》の巣《す》Red-headed《レッドヘッデッド》 weaver《ウィーバー》　アカガシラモリハタオリの巣《す》までありました。

アカガシラモリハタオリの巣《す》がどんなのかというと、ふつうハタオリドリの巣《す》は葉《は》を裂《さ》いて編《あ》んで作ります。それだけでもすごいのに、アカガシラモリハタオリは、葉《は》ではなく小枝《こえだ》をとってくると（ここからがすごい）なんとその両側《りょうがわ》の皮《かわ》をむき、その皮《かわ》を別《べつ》の小《こ》枝《えだ》に結《むす》びつけていくのです。ですから出来上《できあ》がった巣《す》はものすごくガッチリ強固《きょうこ》にできているのです。

本に両側《りょうがわ》の皮《かわ》をむいて結《むす》ぶ、と書《か》いてあるのを読《よ》んでも理解《りかい》できないというか、鳥《とり》がそんなことできるなんて信《しん》じられなかったのです。小枝《こえだ》の皮《かわ》をむいて結《むす》んで、フラスコのような形《かたち》の巣《す》を作るなんて、やれといわれてもぼくにはできません。（お時間《じかん》のある人はや

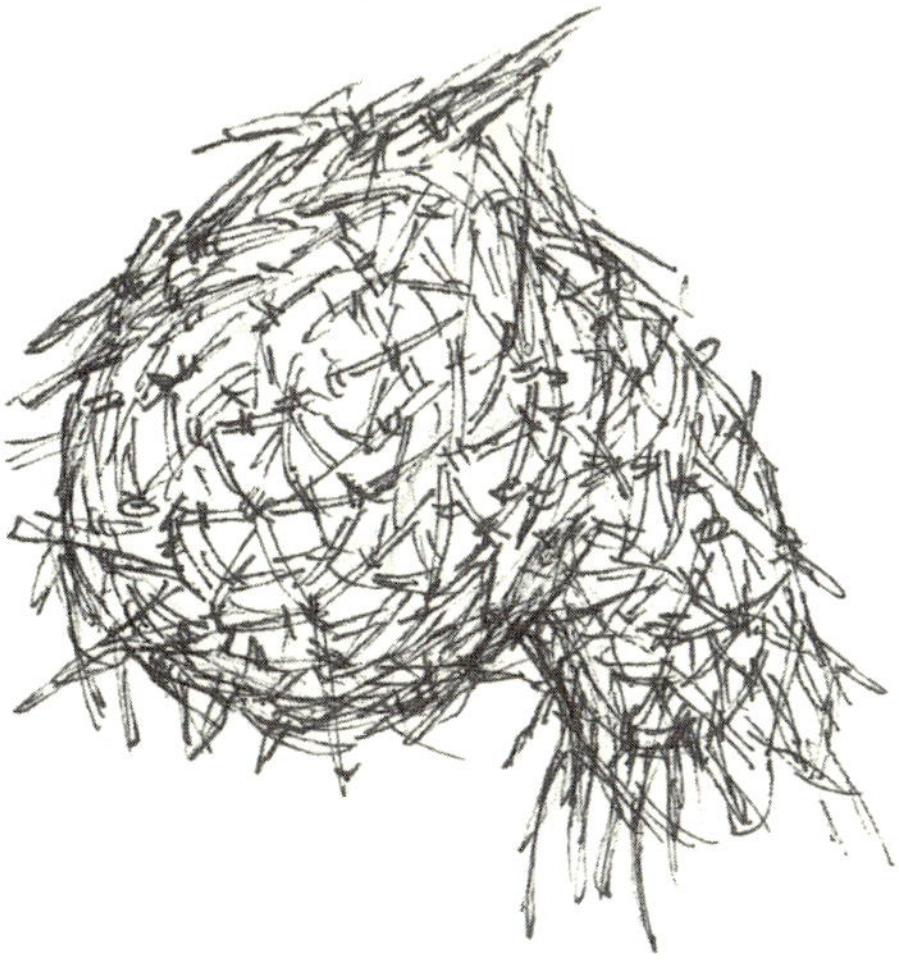

アカガシラモリハタオリ

最初に輪をつくるのは同じ

ってみてください）

この巣《す》はＷＦＶＺでも時間切《じかんぎ》れで見つけることができなかったのでした。それがこの地《ち》にはあるのです。ふつうの木にごろごろと……。ふと見ると宿泊《しゅくはく》しているロッジの庭《にわ》の電線《でんせん》にもあるではありませんか。最初《さいしょ》マーチンに、ほんとうにノドグロモリハタオリの巣《す》なんてあるのかと聞《き》いたら、「ある、ある」と、かるくいっていた意味《いみ》がわかりました。

なんだなんだこんなに日常的《にちじょうてき》に〝小枝《こえだ》の両側《りょうがわ》の皮《かわ》をむいて結《むす》んだ幻《まぼろし》の巣《す》〟が見られるのかと、ちょっと拍子抜《ひょうしぬ》けしてしまいました。でもたくさんあるにこしたことはありません。ワーイック先生《せんせい》の知《し》り合《あ》いの人の庭《にわ》にもあったので、はしごが借《か》りられ、高《たか》い枝先《えださき》についている形《かたち》の良《よ》いのを採取《さいしゅ》することができました。

手《て》にとってみると、たしかにほかのハタオリドリの巣《す》に比《くら》べ、葉《は》ではなく枝《えだ》でできているぶん、ものすごくがっちりしています。それでいて、すきまがあって風通《かぜとお》しがよく、巣《す》の中が熱《あつ》くならないようになっているのでしょう。よくできています。先生《せんせい》が「日本《にほん》から鳥《とり》の巣《す》を探《さが》しにきた」と紹介《しょうかい》するとお友達《ともだち》は驚《おどろ》いていました。あまりそういう人はいないようです。

昨日《きのう》「もっと大きいのがある」といっていた、シュモクドリの巣《す》も見にいきました。

木の直径《ちょっけい》は約《やく》一m、その八mくらい上に一m五〇cmくらいのかたまりがデンとのっているのでした。たしかに昨日《きのう》のより大きくがっちりしています。また近《ちか》くのロッジの敷地《しきち》の中なので、昨日《きのう》の場所《ばしょ》より周《まわ》りが開《ひら》けているぶん巣《す》の形《かたち》を周《まわ》りから観察《かんさつ》することができます。

巣《す》には枯《か》れ草《くさ》や枝《えだ》などのほかに、インパラかなにかの骨《ほね》も使《つか》われています。本にでていたとおりでうれしくなってしまいました。すごい重量《じゅうりょう》なのでしょう、よく見ると木にヒビがはいっているではありませんか。重《おも》すぎて折《お》れるかもしれません。しかしちょっと持《も》って帰《かえ》るには大きすぎて無理《むり》なようです。

このように採取《さいしゅ》できない巣《す》もあれば、採《と》れすぎて、しかたのないような場合《ばあい》もあります。しかし車《くるま》のスペースも制限《せいげん》があるのでマーチンに「一種類《しゅるい》につき三個《こ》まで」と厳《きび》しく数《かず》に制限《せいげん》をつけられてしまいました。

そうはいっても一本の木に二〇も三〇もあるハタオリドリなどはひとつひとつ微妙《びみょう》に違《ちが》っていたりするので、どれにするか悩《なや》み多《おお》き楽《たの》しい日々《ひび》が続《つづ》くのでした。

しかし、ある湖《みずうみ》の岸辺《きしべ》を鳥《とり》を見ながら歩《ある》いていると、足《あし》もとに鳥《とり》の頭《あたま》と足《あし》の骨《ほね》が落《お》ちています。マーチンに、どうしたのだろうと聞《き》くと、「人が食《た》べた」のだそうです。

食《た》べるものを買《か》えない人たちが、野鳥《やちょう》を食料《しょくりょう》にしているそうです。モザンビーク、ボツワナなどの隣接《りんせつ》する国《くに》ではそれが原因《げんいん》で鳥《とり》がずいぶん減《へ》ってしまったところもあるそうで、現在《げんざい》のアフリカがかかえている貧困《ひんこん》の問題《もんだい》が鳥《とり》の世界《せかい》にも影響《えいきょう》を及《およ》ぼしているのを知《し》り、楽《たの》しい気分《きぶん》ばかりではいられません。

貧困層《ひんこんそう》の人たちが住《す》む小さな村《むら》のそばで鳥《とり》を見ていると、小さな子供《こども》たちが集《あつ》まってきました。ぼくのことがものめずらしいので楽《たの》しそうにキャアキャア集《あつ》まってきます。みな目が輝《かがや》いていて日本《にほん》の幼稚園《ようちえん》の子と同《おな》じです。そんな子供《こども》たちもいれば、下町《したまち》のようなところではお金《かね》を恵《めぐ》んでくれとやってくる中学生《ちゅうがくせい》くらいの子の表情《ひょうじょう》は無表情《むひょうじょう》でなんともつらくなります。

アフリカでは、物質的《ぶっしつてき》に貧《まず》しいことが犯罪《はんざい》の原因《げんいん》になっているのに対《たい》し、日本《にほん》では、ものがありすぎ豊《ゆた》かな半面《はんめん》、心《こころ》が貧《まず》しくなり犯《はん》罪《ざい》を起《お》こす原因《げんいん》となっています。その日の食事《しょくじ》にこと欠《か》く子供《こども》たち

や宗教間《しゅうきょうかん》で争《あらそ》っている国々《くにぐに》の問題《もんだい》、今現在《いまげんざい》の日本《にほん》のいろいろな問題《もんだい》など日々《ひび》のニュースを見ていると絶望的《ぜつぼうてき》になってしまうこともあります。自分《じぶん》には政治《せいじ》や武力《ぶりょく》に関《かん》してなにも力はありません。でも鳥《とり》の巣《す》を探《さが》すこと、それから感《かん》じたうれしさを絵《え》に描《か》いたり、絵本《えほん》を創《つく》ったり、巣《す》の展示《てんじ》をすることはできます。そうすることが、命《いのち》が育《そだ》つことの素晴《すば》らしさを伝《つた》え、それを見た人に生《い》きるうれしさとしてつながって広《ひろ》がっていけばと思《おも》います。

黒《くろ》い森《もり》の山《やま》の家《いえ》

数日後《すうじつご》、むかったのはマグバスカルーフという山岳地帯《さんがくちたい》で原始《げんし》のままの熱帯雨林《ねったいうりん》があるところです。「Black《ブラック》 Forest《フォレスト》 Mountain《マウンテン》 lodge《ロッジ》」「黒《くろ》い森《もり》の山《やま》の家《いえ》」という名《な》の宿《しゅく》泊先《はくさき》で、名前《なまえ》のとおり山《やま》の中です。一m先《さき》も見えないような霧《きり》がでて北欧《ほくおう》の秋《あき》のような感《かん》じだったり、不思議《ふしぎ》な形《かたち》の針葉樹《しんようじゅ》が植林《しょくりん》されていてまさに黒《くろ》い森《もり》という感《かん》じで、これがアフリカ？　と聞《き》きたくなるようなところでした。

アフリカオオタカ

エボシクマタカ

African Goshawk《アフリカン　ゴスホーク》　アフリカオオタカ
Long-crested Eagle《ロング　クレステッド　イーグル》　エボシクマタカ
Bat Hawk《バット　ホーク》　コウモリタカ
Jackal Buzzard《ジャッカル　バザード》　アカクロノスリ
Forest Buzzard《フォレスト　バザード》　マダラノスリ……等《など》。

この森《もり》には猛禽類《もうきんるい》が多《おお》く、村《むら》の人家《じんか》のすぐそばの木にじっととまっていたりするのです。

水墨画《すいぼくが》のような霧《きり》の中、木の枝にとまるLong-crested Eagle《ロング　クレステッド　イーグル》。

あの鳥《とり》はなにを考《かんが》えているのだろう。食《た》べ物《もの》を探《さが》しているのだろうか、寒《さむ》くはないのか、どこに飛《と》んでいくのだろう？

自然《しぜん》の不思議《ふしぎ》を感《かん》じること、世界《せかい》は人間《にんげん》だけのものではないこと、世界《せかい》にはわからないことがあることを、その姿《すがた》は無言《むごん》のうちに伝《つた》えているように感《かん》じられます。

身近《みぢか》にこんな立派《りっぱ》で大きな鳥《とり》がいれば、子供《こども》のころからもっと鳥《とり》や自然《しぜん》に興味《きょうみ》を持《も》つだろうし、鳥《とり》や自然《しぜん》を敬《うやま》う気持《きも》ちにもなるだろうなあ。

いまの日本《にほん》では、身近《みぢか》な鳥《とり》というと、ゴミをあさったりハンガーで巣《す》を作るカラスとか、鳥《とり》インフルエンザで閉鎖《へいさ》される養鶏場《ようけいじょう》や鳥《とり》

マダラノスリは林の中を飛ぶことができます

が焼却《しょうきゃく》されるテレビニュースでは、悪《わる》いイメージばかりで、鳥《とり》を好《す》きになれといってもむずかしいことでしょう。

Bat《バット》 Hawk《ホーク》　コウモリタカが巣《す》を作っていてよく見ることができました。名前《なまえ》のとおりコウモリを食《た》べるそうです。

しかし、ここにいるのはこうした大きい鳥《とり》ばかりではありません。大きい鳥が生《い》きているということは、それが食《た》べるもの、食《た》べられる生物《せいぶつ》がたくさん生《い》きているということなのです。

ロッジの庭《にわ》（これがまたたいへん広《ひろ》く、敷地《しきち》は？　と聞《き》くと、あっちの山《やま》からこっちの山《やま》まで、という感《かん》じ）にも、

「アッ、Olive《オリーブ》 Thrush《スラッシュ》」オリーブツグミ

「アッ、Dusky《ダスキー》 Flycatcher《フライキャッチャー》」アフリカコサメビタキ

「アッ、Knysna《ニンスラ》 Turaco《ツラコ》」エボシドリと、さまざまな鳥《とり》たちを見ることができました。

つまり、とうぜん、鳥《とり》の巣《す》もあるのです。

なんと入《い》り口《ぐち》のすぐ横《よこ》の木にGreater《グリーター》 Double《ダブル》-collared《カラード》 Sunbird《サンバード》オオゴシキタイヨウチョウの巣《す》がぶらさがっているじゃありませんか。いったい誰《だれ》だ、こんなところに、こんなものをぶらさげて。

と学校《がっこう》の先生《せんせい》なら怒《おこ》るかもしれませんが、ぼくは怒《おこ》らないんだなあ、

コウモリタカ

花のミツを吸うオオゴシキタイヨウチョウ

巣

全然《ぜんぜん》。

全長約《ぜんちょうやく》一八cm、数種類《すうしゅるい》のコケや枯《か》れ草《くさ》などを使《つか》った、それはかわいい巣《す》で、えらいえらい、よくやったとほめてあげたくなります。

さらに今《いま》まで見たことのなかったSpeckled Mousebird《スペクルドマウスバード》チャイロネズミドリ。メンガタハタオリ、カエデチョウ、正確《せいかく》にはなんの鳥《とり》のものかわからない巣《す》……等々《などなど》。見ることができました。

このロッジはベリーさんマーガレットさんご夫婦《ふうふ》がやっているのですが、使用人《しようにん》の人もふくめて、みな親切《しんせつ》でやさしいだけでなく、日本《にほん》でぼくが使《つか》っているのよりもごついチェーンソーや草刈《くさか》り機《き》を使《つか》いこなし、自然《しぜん》とともにしっかり手作《てづく》りの生《い》き方《かた》をしているのが、とても印象的《いんしょうてき》でした。

また、このそばの町《まち》に住《す》むワーウィック先生《せんせい》のお友達《ともだち》というアーチーさんリリアンさんご夫婦《ふうふ》にも会《あ》いました。この方《かた》も若《わか》いころから鳥《とり》の研究《けんきゅう》をされていて三〇m以上《いじょう》の木でも、平気《へいき》で登《のぼ》ってしまうというすごい人です。若《わか》いころの写真《しゃしん》を見るとFBI《エフビーアイ》捜査官《そうさかん》のような雰囲気《ふんいき》で、あのWFVZにたくさんの卵《たまご》を寄贈《きぞう》されているそうです。そうか、こういう人たちがいてWFVZは成《な》り立《た》っているのだとうれしくなりました。（帰国後《きこくご》、WFVZのレニーさんに知《し》らせ

オリーブツグミ

アフリカコサメビタキ

エボシドリ

ました）そして、アフリカの鳥《とり》の卵《たまご》の標本《ひょうほん》をおみやげにいただきました。奥様《おくさま》ととても仲《なか》がよく、ご著書《ちょしょ》もいただいたのですが、それには My Favourite Bird《マイ フェイバリット バード》＝私《わたし》が最《もっと》も愛《あい》する鳥《とり》（鳥《とり》の専門家《せんもんか》はよくこういうのですが）として奥様《おくさま》リリアンさんの写真《しゃしん》を大きくのせている、ちょっとかっこいいおじいさんなのです。

クルーガー国立公園《こくりつこうえん》

山岳地帯《さんがくちたい》をさまよったあとは、ワーウィック先生《せんせい》もマーチンも、ほかに知《し》り合《あ》った人すべての人がいくと良《よ》い、という Kruger《クルーガー》 National Park《ナショナル パーク》クルーガー国立公園《こくりつこうえん》にむかいました。

山《やま》を下《くだ》るにしたがい、またジリジリとやけるような暑《あつ》いアフリカになっていきます。マーチンの運転《うんてん》する車《くるま》はひたすら地平線《ちへいせん》めがけて走《はし》ります。

「Look《ルック》」見ろ。

道《みち》にそってたっている電線《でんせん》の鉄柱《てっちゅう》になにか、でかいものがくっついています。

ウシハタオリの巣

「Oh《オー》, Buffalo《バッファロ》 weaver《ウイーバー》!」ウシハタオリの巣《す》です。こんなところにこんなふうに作っているとは思《おも》いませんでした。

ウシハタオリの巣《す》も小枝《こえだ》で大きな巣《す》を作るというのはわかっていたのですが「中はいくつかの部屋《へや》になり、数羽《すうわ》のメスが暮《く》らしている」と書いてあるくらいで、もひとつ細部《さいぶ》がよくわからない幻《まぼろし》の巣《す》でした。

これでは、わからないはずです。高所作業車《こうしょさぎょうしゃ》かなにかに乗《の》らなければ近《ちか》づけません。がっちりからんでいて採取《さいしゅ》することも不可能《ふかのう》でしょう。枝《えだ》を組《く》んでトンネルのようになっているようです。

この後《あと》、道《みち》ぞいにいくつもでてきて、地元《じもと》の人たちには見飽《みあ》きた巣《す》のようで、ぼくが巣《す》を欲《ほ》しいといったら、「おまえはかわったやつだ」と笑《わら》われてしまいました。

マーチンの車《くるま》が横道《よこみち》へとはいっていきます。

道《みち》ぞいに絵《え》の描《か》いてある看板《かんばん》が立《た》っています。その絵《え》とはバオバブ、そう、神様《かみさま》に怒《おこ》られて逆立《さかだ》ちさせられた樹《き》というやつです。

でこぼこ道《みち》をいくことしばし、前方《ぜんぽう》に不思議《ふしぎ》な感《かん》じの樹《き》が見えてきました。

遠《とお》くからは小さな竹《たけ》の子のように見えたそれは、実《じっ》は直径《ちょっけい》一〇m、

高《たか》さ三〇ｍもあるおそろしく巨大《きょだい》な樹《き》でした。

いやはや、すごい。最近《さいきん》のＳＦ《エスエフ》映画《えいが》のＣＧ《シージー》の怪物《かいぶつ》なんて、目の前《まえ》のこの大きさ、質感《しつかん》、存在感《そんざいかん》に比《くら》べたらおもちゃみたいなものです。

（マダガスカルのバオバブとは種類《しゅるい》が違《ちが》い、樹《き》の形《かたち》が異なります）

この穴は昔、ろうやにしていたそうです

鳥《とり》の巣《す》とは違《ちが》うけれどバオバブの樹《き》は見たいと伝《つた》えていたのです。バオバブの樹《き》は絵《え》に描《か》きたかったし、それに鳥《とり》が巣《す》をつくっていることがあるのは聞《き》いていました。

案《あん》の定《じょう》、鳥《とり》の巣《す》があります。アカガシラモリハタオリです。おじさんと子供《こども》三人《にん》が木のそばで店番《みせばん》（？）しています。ぼくがバオバブの絵《え》を描《か》きだすと子供《こども》たちが見にきました。ぼくの描《か》く絵《え》をおもしろそうに見ています。エルマリーとヘインとマーベリックという三兄妹《きょうだい》だそうです。三人《にん》はなれた様子《ようす》でスルスルと樹《き》に登《のぼ》っていきます。子供《こども》との対比《たいひ》でよけいに樹《き》の大きさがきわだって見えます。

こんな樹《き》といっしょに暮《く》らすというのはどんな気持《きも》ちで、どんな価値観《かちかん》を持《も》つ人になるのでしょう。

帰国後《きこくご》、三人《にん》にそのときの写真《しゃしん》や絵本《えほん》、折《お》り紙《がみ》や日本《にほん》のお菓子《かし》と手紙《てがみ》を書《か》いて贈《おく》ったら、ちゃんと返事《へんじ》が返《かえ》ってきました。今《いま》もたまにやりとりしています。（この本もできたら送ってあげよう）

そしていよいよクルーガー国立公園《こくりつこうえん》です。

アフリカのほかの国立公園《こくりつこうえん》もみなそうですが、公園内《こうえんない》は宿泊《しゅくはく》できる決《き》められたキャンプ地《ち》の敷地《しきち》の中以外《いがい》は、いっさい車《くるま》から降《お》りることはできません。（大きな川《かわ》に架《か》けられた橋《はし》の上は例外《れいがい》）車《くるま》の中から動物《どうぶつ》を見るのです。

動物《どうぶつ》や植物《しょくぶつ》、自然《しぜん》に手をつけることはいっさい禁止《きんし》されています。車《くるま》のスピードも舗装道路《ほそうどうろ》は五〇km以下《いか》、そうでないところは四〇km以下《いか》です。ゴミを捨《す》てたり音楽《おんがく》を聴《き》いたり、動物《どうぶつ》にエサをやるなんてのもダメです。もちろん飼育係《しいくがかり》の人がエサをやっているわけでもありません。今日《きょう》見たインパラが、明日《あした》はライオンに食《た》べられているという世界《せかい》なのです。

キャンプ地《ち》への門限時間《もんげんじかん》も厳《きび》しく、これら規則《きそく》を破《やぶ》ると、罰金《ばっきん》をとられます。日本《にほん》の国立公園《こくりつこうえん》や動物園《どうぶつえん》と考《かんが》え方《かた》が根本的《こんぽんてき》に違《ちが》うものなのです。

そんなわけで、ここでは鳥《とり》の巣《す》は採取《さいしゅ》できないので、公園《こうえん》にはいるときに、それまでに採取《さいしゅ》していた巣《す》を見せてから入園《にゅうえん》しました。そうでないと帰《かえ》るときに没収《ぼっしゅう》されてしまうからです。

なにしろアフリカで最《もっと》も広《ひろ》い国立公園《こくりつこうえん》のひとつで、その広《ひろ》さは、早朝《そうちょう》、キャンプ地《ち》をでて動物《どうぶつ》を見にいくとき、はるか東《ひがし》の地平線《ちへいせん》から太陽《たいよう》が昇《のぼ》ってくるのが見えるのですが、そこもクルーガー国立公《こくりつこう》

インパラ

園《えん》だし、夕方《ゆうがた》はるか西《にし》の地平線《ちへいせん》に夕日《ゆうひ》が沈《しず》むそのあたりもクルーガー国立公園《こくりつこうえん》なのです。

なんと、南北《なんぼく》に約《やく》三五〇km、東西《とうざい》に約《やく》六〇kmもの広《ひろ》さだそうで、三五〇kmというと、だいたい東京《とうきょう》から名古屋《なごや》ぐらいの距離《きょり》ですが、その中が、全部《ぜんぶ》国立公園《こくりつこうえん》で自然《しぜん》のままだというのですから驚《おどろ》きです。そんなに広《ひろ》いので、草原《そうげん》あり森《もり》あり谷《たに》あり湖《みずうみ》あり、とても一日二《いちにちふつ》日《か》で見られるわけはなく、今年《ことし》はこのあたりの草原《そうげん》を二週間《しゅうかん》、来年《らいねん》はあのあたりを二週間《しゅうかん》というペースで毎年《まいとし》くるような人が多《おお》いそうです。

そんなところなので動物《どうぶつ》もたくさんいるわけですが、だいたい、この地域《ちいき》にはこんな動物《どうぶつ》がすんでいます、程度《ていど》の地図《ちず》があるだけです。運《うん》が良《よ》ければ見られるし、そうでなければ見られないこともあるわけです。といっても、相当《そうとう》に運《うん》の悪《わる》い人でも、道《みち》のわきの茂《しげ》みからアフリカゾウがでてきて目の前《まえ》を横切《よこぎ》ったり、水牛《すいぎゅう》の群《む》れに囲《かこ》まれてしまうなんてのは、ざらにあるくらいたくさん動物《どうぶつ》がいるのです。

動物《どうぶつ》以外《いがい》に、もちろん鳥《とり》もたくさん見ることができました。巣《す》は、車《くるま》から降《お》りられないので茂《しげ》みの中などのは見られませんが、

コンドルやワシ、シュモクドリなどの大きいのや、ハタオリドリなどの巣《す》はたくさん見ることができました。あるキャンプ地《ち》の庭《にわ》の樹《き》にはウシハタオリの巣《す》がやたらいっぱいついていて、欲《ほ》しくて欲《ほ》しくて困《こま》ったものでした。（大きすぎて無理《むり》ですが）

そのキャンプは川《かわ》を見おろせる場所《ばしょ》にあり、水飲《みずの》みにくるアフリカゾウを上からスケッチすることができました。

たいていの人は、早朝《そうちょう》にキャンプ地《ち》のゲートが開《ひら》くと同時《どうじ》にサファリ（車《くるま》に乗《の》って動物《どうぶつ》を見ること）にでかけ、午前《ごぜん》十時《じ》ころにもどってきます。これは日中《にっちゅう》は暑《あつ》すぎて外《そと》にいられないし、動物《どうぶつ》も寝《ね》てしまうからです。食事《しょくじ》をしたりのんびり休《やす》んで、また三時《じ》ごろからサファリにいくのです。

なにしろびっくりするくらい近《ちか》くの茂《しげ》みからアフリカゾウやキリンがでてくるので驚《おどろ》いてしまいます。

Elephant《エレファント》 threw《スルー》 the《ザ》 TOYOTA《トヨタ》

「ゾウがトヨタを投《な》げた」ということわざ（？）があるくらいでマーチンの車《くるま》もトヨタなのです。

目の前《まえ》二、三m先《さき》に、とつぜん三mくらいの体高《たいこう》のオスのゾウがでてきて目があったりすると、もうなにもいえず、ただただ静《しず》かにして「ゾウさんお願《ねが》いトヨタを投《な》げないで」、とお祈《いの》りするしかないのです。

車《くるま》からおりてはいけない、というのは、動物《どうぶつ》に襲《おそ》われる危険《きけん》があるからで、自然《しぜん》とは命《いのち》がけだということを、あらためて感《かん》じました。

わずかですが、場所《ばしょ》によって車《くるま》から降《お》りて動物《どうぶつ》を隠《かく》れて見られる場所《ばしょ》が作ってありました。人間《にんげん》のほうが木のオリの中にはいるようになっていて、そこでは、しゃべってはいけないことになっています。

ちょうど夕方《ゆうがた》で薄紫《うすむらさき》の空《そら》にはクロトキやサギなどが飛《と》んでいます。川《かわ》にはカバが数頭《すうとう》水面《すいめん》に顔《かお》をだしたりもぐったりしているのですが、一〇〇mくらい離《はな》れているのに、カバの鼻息《はないき》がいまも耳《みみ》に残《のこ》っているくらいはっきり聞《き》こえました。自然《しぜん》の音《おと》、生命《せいめい》の音《おと》以外《いがい》ない静寂《せいじゃく》の空間《くうかん》で、涙《なみだ》がでるくらい美《うつく》しい世界《せかい》でした。

ほかにも、数十頭《すうじゅっとう》のアフリカゾウの群《む》れが行進《こうしん》したり水浴《みずあ》びする姿《すがた》、ライオンや水牛《すいぎゅう》がゴロゴロとくつろぐ姿《すがた》は、これがほんとに野《や》生《せい》の姿《すがた》なのだ、これが正《ただ》しい生《い》き方《かた》なのだと、つくづく思《おも》えて、心《こころ》の底《そこ》からうれしくなりました。

こんなこともありました。

道《みち》に車《くるま》がとまっています。対向車《たいこうしゃ》もとまっています。ということは近《ちか》くに動物《どうぶつ》がいて、それを見ているということです。マーチンも前《まえ》の車《くるま》の後《うし》ろに車《くるま》をとめました。周《まわ》りを双眼鏡《そうがんきょう》で探《さが》しても動物《どうぶつ》らしきものは見つかりません。

見ると、前《まえ》の車《くるま》の人も対向車《たいこうしゃ》の人も道《みち》のまん中《なか》へんの地面《じめん》を見ているようです。よく見ると、なんと、一〇cmくらいのカメレオンが道《みち》を渡《わた》っているではありませんか。

道《みち》が太陽《たいよう》の熱《ねつ》で熱《あつ》いのか、もともと動《うご》きがゆっくりなのか、一歩《いっぽ》進《すす》むのに十秒《びょう》くらいかかります。それを二台《だい》の車《くるま》の家族《かぞく》ともうれしそうに、じいっと見守《みまも》っているのです。

何分《なんぷん》くらいかかったでしょうか。やっとカメレオンが道《みち》を渡《わた》りきりました。車《くるま》に乗《の》っている人たちみんな、とてもうれしそうに笑《わら》いながら、それぞれの方向《ほうこう》に車《くるま》をスタートさせたのです。

こういうものを見つけられる目、こういうことを見守《みまも》れる心《こころ》が、いいなあ。うれしくなるなあ。見ようと思《おも》えば見ることができるし、見ようとしなければ見えないもの。

行列《ぎょうれつ》のできる店《みせ》や、ブランド品《ひん》を求《もと》める心《こころ》には見えないものです。

大きな自然《しぜん》があって、そこにいろいろな動物《どうぶつ》たちが暮《く》らしていて、

ハゲコウ

ササゴイ

それをそおっと見させてもらっているのです。

そして、大切《たいせつ》なのは、ただ動物《どうぶつ》を見るのではなく、その後《うし》ろに控《ひか》える大自然《だいしぜん》や環境《かんきょう》を感《かん》じること、動物《どうぶつ》たちがこうして生《い》きていくには、なにが必要《ひつよう》なのかを感《かん》じることだと思《おも》いました。

日本《にほん》では、最近《さいきん》、動物園《どうぶつえん》などで動物《どうぶつ》の見せ方《かた》に工夫《くふう》をこらし、お客《きゃく》さんに喜《よろこ》ばれているところもあるようです。でも、行列《ぎょうれつ》してガラスごしに、「かわいい」と動物《どうぶつ》だけを見るのでは、テレビのアニメを見ているのと同《おな》じです。たしかに、いまの日本《にほん》では、それはそれで、しかたのないことなのでしょう。そうでもしないと動物園《どうぶつえん》が成《な》り立《た》たないのですから。

そこで動物《どうぶつ》に興味《きょうみ》を持《も》った人が、環境《かんきょう》や地球《ちきゅう》の自然《しぜん》にまで興味《きょうみ》をひろげてくれることを祈《いの》るばかりです。

もしも日本《にほん》でクルーガー国立公園《こくりつこうえん》のようなことをやったら？きっと、やれ動物《どうぶつ》が見えないとか、道《みち》がわかりにくくて迷子《まいご》になったとか文句《もんく》をいう人、貴重《きちょう》な動植物《どうしょくぶつ》を採《と》っていく人、そして、あっというまにゴミだらけになってしまうでしょう。

クルーガー国立公園《こくりつこうえん》は、みながいうようにたしかに素晴《すば》らしいところです。しかし、今回《こんかい》自分《じぶん》には残念《ざんねん》ながら、そんなに時間《じかん》がないし、鳥《とり》の巣《す》を見つけるというのが目的《もくてき》なので、次《つぎ》の目的地《もくてきち》めざして、クルーガーをあとにしたのでした。

　クルーガーをでたマーチンの車《くるま》は、進路《しんろ》を北西《ほくせい》にむけました。首《しゅ》都《と》プリトーリアの自然史博物館《しぜんしはくぶつかん》で一休《ひとやす》みして南《みなみ》アフリカの鳥《とり》たちの勉強《べんきょう》をしたあと、旅行《りょこう》の最終目的地《さいしゅうもくてきち》カラハリ砂漠《さばく》Witsand《ウィッサンド》へとむかったのです。

　その距離《きょり》約《やく》九〇〇km。（東京《とうきょう》―広島《ひろしま》）

　そのとちゅうプリトーリアで一泊《いっぱく》したのですが、寝《ね》る前《まえ》に、テレビをつけたら、プロレスをやっていて、なんとアナウンサーの人が「ニホン、スモウレスラー、アキボノー」なんていっているではありませんか。見るとたしかにあの人です。それも、けっこう悪役《あくやく》っぽい雰囲気《ふんいき》で小柄《こがら》なレスラーをつぶそうとしています。「ウーン、こんなところまできてやっているのか」と複雑《ふくざつ》な思《おも》いで、見ようかとも思《おも》ったのですが、翌朝早《よくあさはや》かったのですぐ寝《ね》てしまいました。

　まだ夜《よ》も明《あ》けない真《ま》っ暗闇《くらやみ》のなか、ホテルを出発《しゅっぱつ》。

　なにしろ、いけどもいけどもまっ平《たい》らな地平線《ちへいせん》が続《つづ》き、その地平《ちへい》線《せん》めざして一本《いっぽん》の道《みち》が延々《えんえん》と続《つづ》きます。

　行《い》く先《さき》が砂漠《さばく》だから、家《いえ》がどんどん減《へ》っていき、ただただ広《ひろ》い大《だい》

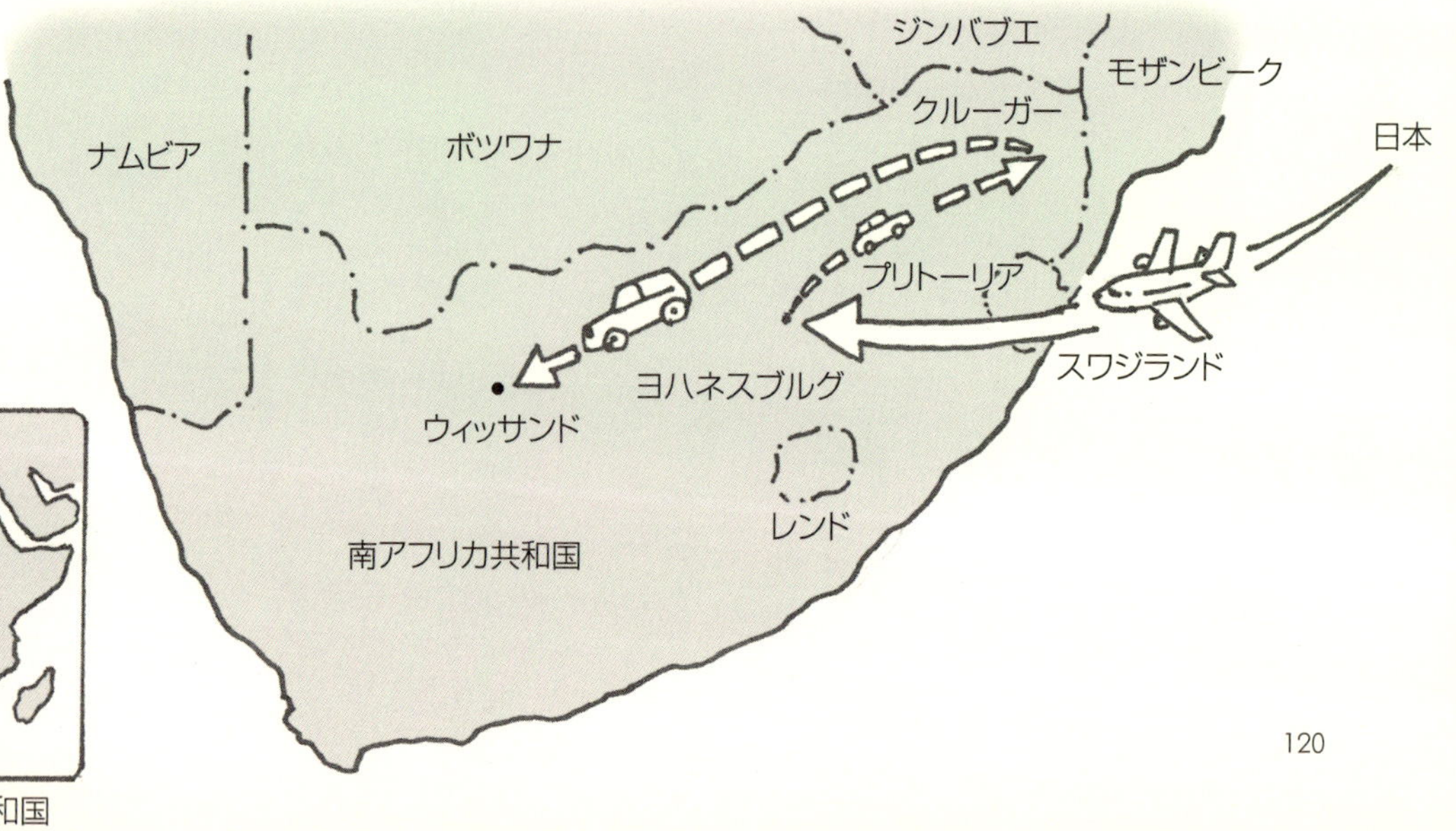

南アフリカ共和国

地《ち》が続《つづ》くばかりです。この先《さき》にほんとにあるのでしょうか、世界最《せかいさい》大《だい》の鳥《とり》の巣《す》Sociable Weaver《ソーシャブル ウィーバー》　シャカイハタオリの巣《す》が。

カラハリ砂《さ》漠《ばく》

今回《こんかい》の南《みなみ》アフリカ鳥《とり》の巣《す》探検旅行《たんけんりょこう》では、どうしても見てみたい巣《す》というのを事前《じぜん》にマーチンに伝《つた》えてありました。その中でも特《とく》に赤《あか》丸《まる》がついていたもののひとつが、これからいくカラハリ砂《さ》漠《ばく》にあるというシャカイハタオリの巣《す》なのです。

どうしてそれを知《し》ったかというと、世界《せかい》の鳥《とり》の巣《す》を調《しら》べ始《はじ》めたころ、海外《かいがい》にも鳥《とり》の巣《す》の本はないと書《か》きましたが、その後《ご》ようやく見つけたのが「Birds as Builders《バーズ アズ ビルダーズ》」（建築家《けんちくか》としての鳥《とり》たち）Peter《ピーター》 Goodfellow《グッドフェロー》著《ちょ》で一九七七年《ねん》に出版《しゅっぱん》されたものでした。

内容《ないよう》は、鳥《とり》の巣《す》を作る場所《ばしょ》で大きく分類《ぶんるい》し、それぞれの巣《す》の特徴《とくちょう》が記述《きじゅつ》されすこしだけ写真《しゃしん》がでている、というものです。文章《ぶんしょう》もわかりやすく（これは訳《やく》してくれるうちの奥様《おくさま》の功績《こうせき》が大きいのですが……）初心者《しょしんしゃ》から鳥《とり》の専門《せんもん》の方《かた》まで読《よ》める本です。

「Birds as Builders」より

ちなみにほかには「Nest《ネスト》 Building《ビルディング》 and《アンド》 Bird《バード》 Behavior《ビヘイビア》」（巣《す》作《づく》りと鳥《とり》の行動《こうどう》）Nicholas《ニコラス》 E.《イー》 Collias《コライアス》 and《アンド》 Elsie《エルシー》 Collias《コライアス》 著《ちょ》「Bird《バード》 Nests《ネスツ》 and《アンド》 Construction《コンストラクション》 Behaviour《ビヘイビア》」（鳥《とり》の巣《す》と建築行動《けんちくこうどう》）Mike《マイク》 Hansell《ハンセル》著《ちょ》などが鳥《とり》の巣《す》の構造《こうぞう》や造形《ぞうけい》についてかかれてあります。（あとの二冊《さつ》はかなり専門的《せんもんてき》な内容《ないよう》です）Hansell《ハンセル》 先生《せんせい》には実際《じっさい》にスコットランドまでいき、ヨーロッパの鳥《とり》の巣《す》を見せてもらったり、お話《はなし》をうかがうことができました。

シャカイハタオリの巣《す》の写真《しゃしん》が「Birds《バーズ》 as《アズ》 Builders《ビルダーズ》」にでていたのです。一枚《まい》は樹《き》の枝《えだ》に毛布《もうふ》がぶらさがったようなのと、もう一枚《まい》は風景写真《ふうけいしゃしん》で、荒野《こうや》のようなところに電柱《でんちゅう》がならんで立っていて、その一本《ぽん》一本《ぽん》の上のほうに大きなかたまりがくっついていて、どうもそれがシャカイハタオリの巣《す》のようなのです。

ほんとにこんな巣《す》があって、こんなふうに電柱《でんちゅう》にならんでくっついているのかと、にわかには信《しん》じられない光景《こうけい》です。

記述《きじゅつ》では「基本的《きほんてき》には大きなワラの円錐形《えんすいけい》で底《そこ》に複数《ふくすう》の入《い》り口《ぐち》がある。小さな巣《す》は一mくらいで九五つがいがすむ。大きな巣《す》では七mにもなり、ときには大きすぎて枝《えだ》が折《お》れることもある」とあるのです。

「19世紀の画家の人が描いた世界の鳥」より

その後《あと》も、昔《むかし》の人が描《か》いた絵《え》で、木に大きなキノコのようなものがついていて、その木陰《こかげ》でおじさんが一休《ひとやす》みしているのや、何枚《なんまい》か手《て》にいれた写真《しゃしん》のどれを見ても、なにしろ巨大《きょだい》で不思議《ふしぎ》な形《かたち》をしているのです。

南《みなみ》アフリカ自然史博物館《しぜんしはくぶつかん》の鳥《とり》のコーナーに実物《じつぶつ》が展示《てんじ》されていました。せまい部屋《へや》に二メートルくらいの巣《す》だけが柵《さく》のむこうに置《お》いてあって小さなマンモスというか妖怪《ようかい》というか……、いったい、これはなんなのだ、と自然《しぜん》の状態《じょうたい》のを見たい気持《きも》ちはつのるいっぽうだったのです。

マーチンの車《くるま》はひた走《はし》ります。お昼《ひる》のサンドイッチを食《た》べ、さらにいけどもいけども地平線《ちへいせん》まで真《ま》っ直《す》ぐな道《みち》が続《つづ》き、道《みち》ぞいには電柱《でんちゅう》がずっとならんで立っています。日差《ひざ》しをさえぎるものもなく、助手席《じょしゅせき》でウツラウツラしはじめたときです。眠気《ねむけ》をいっぺんにふきとばす光景《こうけい》が、目にとびこんできました。

遠《とお》くの電柱《でんちゅう》に、変《へん》なものがくっついているではありませんか！

うわー、あったー！

Sociable《ソーシャブル》 Weaver《ウィーバー》 シャカイハタオリの巣《す》です。

あの写真《しゃしん》と同《おな》じ、道《みち》ぞいの電柱《でんちゅう》にたしかに巣《す》がくっついているで

はありませんか！　ほんとにほんとに本当《ほんとう》だったのです。

「Stop《ストップ》！　Stop《ストップ》！　Martin《マーチン》 Please《プリーズ》 Stop《ストップ》！」

「とまって、とまって、マーチンとまって、お願《ねが》い」

ぼくはさけびまくりました。近《ちか》づくと、電柱《でんちゅう》の高《たか》さ五mくらいの場所《ばしょ》にたしかにその巣《す》はありました。細《ほそ》い枯《か》れ草《くさ》が一mくらいのかたまりになっています。遠《とお》くから見るとキノコのようです。

よく見ると下の面《めん》に穴《あな》があり小さなスズメのような鳥《とり》が出入《でい》りしています。これが作者《さくしゃ》のSociable《ソーシャブル》 Weaver《ウィーバー》君《くん》のようです。

いやー、すごい、君《きみ》は立派《りっぱ》だ。たいしたもんだ。と、花束《はなたば》の贈呈《ぞうてい》でもしたくなりました。それから、あるわあるわ。でてくるでてくる。

写真《しゃしん》そのままに、道《みち》ぞいに立つ電柱《でんちゅう》一本《ぽん》一本《ぽん》にシャカイハタオリの巣《す》がくっついているのです。

なかには重《おも》くて電柱《でんちゅう》が曲《ま》がっているのもあります！

シュールな世界《せかい》というかなんというか。でも現実《げんじつ》なのです。

マーチンいわく、「電気屋《でんきや》さんが壊《こわ》すこともある」そうで日本《にほん》でも電力会社《でんりょくがいしゃ》が電柱《でんちゅう》からカラスの巣《す》をとるのと同《おな》じです。

まわりは建物《たてもの》などなにもないまったくの荒野《こうや》です。空《そら》はぬけるよ

うに青《あお》く、日差《ひざ》しはきつく乾《かわ》いた風《かぜ》がヒューヒューと吹《ふ》いているだけで、耳《みみ》をすませば鳥《とり》の羽音《はおと》まで聞《き》こえます。

いま、同《おな》じ時間《じかん》、東京《とうきょう》ではたくさんの人たちが交差点《こうさてん》をわたり、パソコンにむかい、携帯《けいたい》に話《はな》しかけていることでしょう。

同《おな》じ時刻《じこく》、同《おな》じ地球上《ちきゅうじょう》で小さな鳥《とり》がこんな巣《す》を作っているのです。

車《くるま》は舗装道路《ほそうどうろ》をはずれ横道《よこみち》にはいっていきます。Witsand《ウイッサンド》とはWhite sand《ホワイト　サンド》白《しろ》い砂《すな》という意味《いみ》らしいのですが、そのとおり地面《じめん》が白《しろ》くなっています。でこぼこ道《みち》をしばらく走《はし》るとポツンと一軒《けん》の農家《のうか》が見えてきました。こんななにもないような所《ところ》でも、人は住《す》んでいるのです。そして、おおっ、家《いえ》の裏《うら》の木の地上《ちじょう》四mくらいの高《たか》さには大きなシャカイハタオリの巣《す》がついています。

なんと大きいのでしょう。長《なが》さ四m以上《いじょう》あるでしょうか、厚《あつ》さも二mくらい。電柱《でんちゅう》のもいいけど、これが本来自然《ほんらいしぜん》の姿《すがた》なのです。なんという迫力《はくりょく》、なんという量感《りょうかん》なのでしょう。まいりました。

近《ちか》づくと、巣《す》の底《そこ》の面《めん》にたくさんのハチの巣《す》がついていてブンブン飛《と》んでいます。ハチにとってはよい木陰《こかげ》になり、鳥《とり》のほうは敵《てき》を追《お》っ払《ぱら》ってくれるからよいのでしょう。共生《きょうせい》しているのです。

家《いえ》の人に聞《き》くと、その人が子供《こども》のころからその巣《す》はあるそうであたりまえのことのようです。毎日《まいにち》これを見てくらしているのです。

ふたたび車《くるま》は出発《しゅっぱつ》、さらに砂漠《さばく》のおくへと進《すす》んでいきました。

砂漠《さばく》といってもよく写真《しゃしん》にあるような、砂《すな》だけというのではありません。石《いし》もころがっているし、草《くさ》や低《ひく》い木《き》もはえています。ときおり七～八mの大きなアカシアの木があるのですが、それにシャカ

いろいろな形のシャカイハタオリの巣

イハタオリは巣《す》を作るようです。

その形《かたち》のすごいこと、すごいこと。電柱《でんちゅう》にくっついていたのは、かわいい幼稚園《ようちえん》のクラスだったのかと思《おも》うくらいです。

ここで、なぜシャカイハタオリの巣《す》がこんな形《かたち》なのか説明《せつめい》しましょう。

鳥《とり》の巣《す》はヒナが巣立《すだ》ってしまうと、もう使《つか》いません、といいましたが、シャカイハタオリは例外《れいがい》で巣立《すだ》ったあともこの巣《す》でくらします。なぜかというと、ここカラハリ砂漠《さばく》では、日中《にっちゅう》の気温《きおん》は四〇度《ど》以上《いじょう》になるのに夜《よる》には一〇度《ど》くらいにまで下《さ》がります。

ところが、枯《か》れ草《くさ》をたくさん集《あつ》めたこの巣《す》の中は、いつも二〇度《ど》くらいに保《たも》たれ、とても過《す》ごしやすいのです。シャカイハタオリたちは日中《にっちゅう》の暑《あつ》いときや寒《さむ》い夜《よる》はこの中で過《す》ごし、体力《たいりょく》の消耗《しょうもう》をすくなくしているのです。そのため毎年《まいとし》家族《かぞく》が増《ふ》えて、必然的《ひつぜんてき》に巣《す》が大きくなっていくというわけなのです。このように鳥《とり》にとっては必然《ひつぜん》的《てき》な造型《ぞうけい》なのですが、人間《にんげん》からすると、ただただ驚《おどろ》くばかりです。「あっ、かやぶき屋根《やね》の家《いえ》がある」と近《ちか》づくとシャカイハタオリの巣《す》ということがよくありました。

人間《にんげん》が作るかやぶき屋根《やね》とまったく同《おな》じ作《つく》り方《かた》です。

昔々《むかしむかし》、人間《にんげん》はこの巣《す》を見て、真似《まね》してかやぶき屋根《やね》を作ったのでしょう。逆《ぎゃく》ということはないのですから。

ハチに気《き》をつけて、下からのぞくとたくさん穴《あな》があいています。中にいる鳥《とり》も見えます。ひとつひとつの穴《あな》にA305とかB212と部屋《へや》の番号《ばんごう》も入っています。なんてことはありません。

本にでていたように重《おも》さのせいで樹《き》が裂《さ》けていたり、枝《えだ》が折《お》れて地面《じめん》に落《お》ちているものもあります。ナイフでひとつの巣《す》の部分《ぶぶん》、三〇㎝くらいのかたまりを切《き》り取《と》り、無事採取《ぶじさいしゅ》できました。ついに本《ほん》物《もの》のシャカイハタオリの巣《す》を手にいれることができたのです。

びっしりと枯《か》れ草《くさ》がつまっていて、持《も》つとかなりの重《おも》さです。ふつう、鳥《とり》の巣《す》というと、とても軽《かる》いものなのですが、これは例外《れいがい》です。この厚《あつ》みが、この厳《きび》しい気候《きこう》から鳥《とり》たちの命《いのち》を守《まも》っているわけです。

夕闇迫《ゆうやみせま》るカラハリ砂漠《さばく》、はるか地平線《ちへいせん》までなにもない荒涼《こうりょう》とした大地《だいち》が続《つづ》いています。この環境《かんきょう》で生《い》きることの厳《きび》しさが巣《す》の重《おも》みから伝《つた》わってきます。

その日宿泊予定《しゅくはくよてい》のバンガローに無事着《ぶじつ》いたのは夕方《ゆうがた》のことでした。

シャカイハタオリ

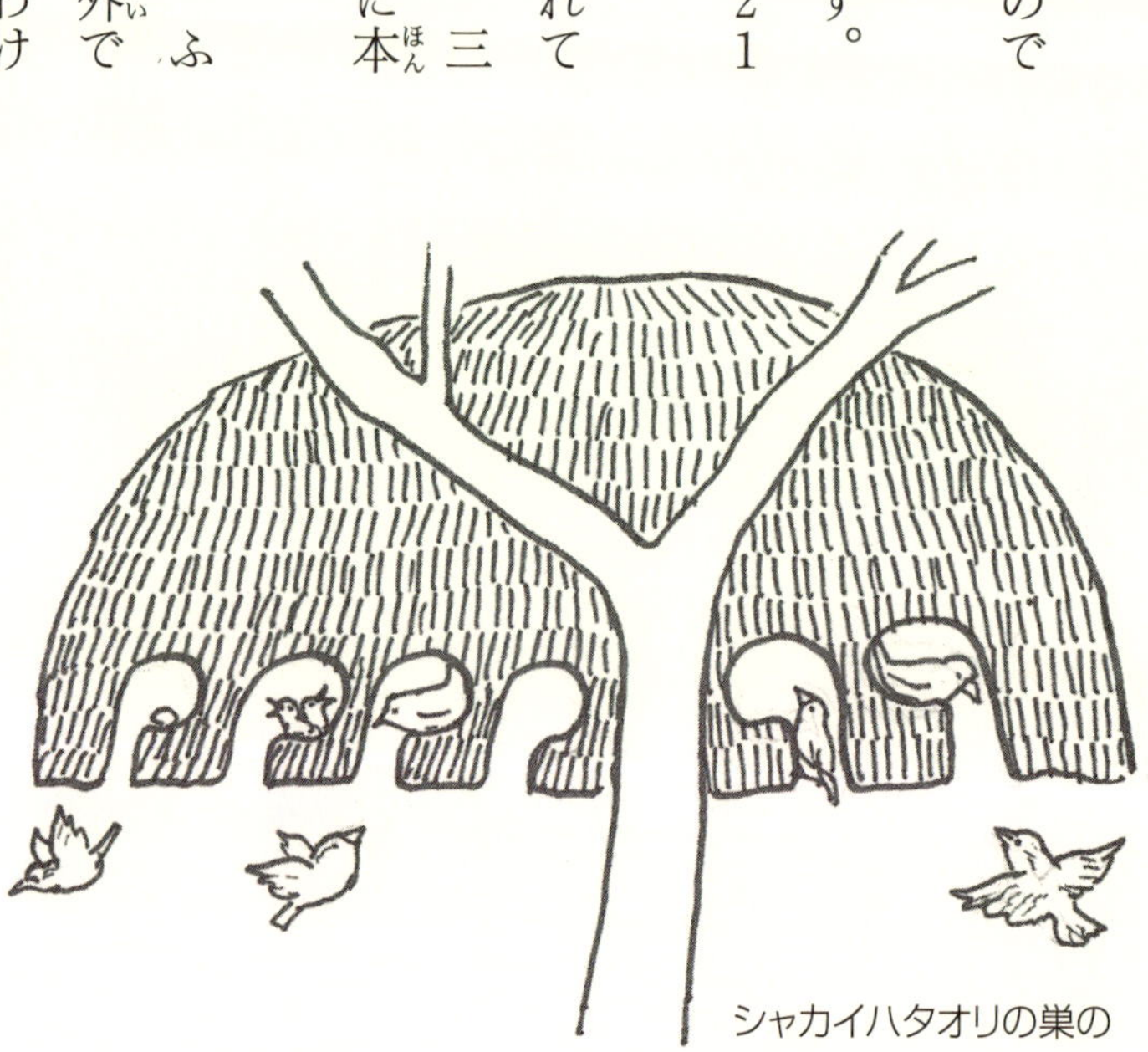

シャカイハタオリの巣の断面

ミスター・マーチン

こんな場所《ばしょ》なのでバンガローといっても、誰《だれ》もいなくて食料持《しょくりょうも》ちこみで自炊《じすい》するのです。シャワーをあびて、庭《にわ》で沈《しず》む夕日《ゆうひ》を見ながらビールを飲《の》んでいると、みるみる気温《きおん》が下《さ》がってきて、マーチンが毛布《もうふ》にくるまるくらい冷《ひ》えてきました。さっきまで夕日《ゆうひ》できらきらと輝《かがや》いていた草原《そうげん》が、あっというまに暗闇《くらやみ》の中にしずんでいきます。

この寒《さむ》さが、ああいう鳥《とり》の巣《す》を作らせるようになっていくには何《なん》千年《ぜんねん》、何万年《なんまんねん》、どれくらい時間《じかん》がかかっているのでしょうか。

その何万年《なんまんねん》というあいだ、この空気《くうき》も風《かぜ》も夜《よる》の冷《つめ》たさも、なにも変《か》わっていないのでしょう。いっぽう、人間社会《にんげんしゃかい》の、このたった千《せん》年《ねん》の変《か》わりようはいったいなんなのでしょう。そして、いまそれが地球全体《ちきゅうぜんたい》の環境《かんきょう》にまで影響《えいきょう》をおよぼそうとしているのです。

人間《にんげん》のやってきたこと、作《つく》り上《あ》げてきたことってなんなのだろう。と、いくら考《かんが》えても答《こた》えはでない、深《ふか》く、暗《くら》く、冷《つめ》たい夜《よる》の闇《やみ》がぼくのまわりを包《つつ》んでいくのでした。

翌朝《よくあさ》、マーチンとバンガローのまわりを散策《さんさく》。

早朝《そうちょう》のぶん、昨日《きのう》よりもよけいに空気《くうき》は冷《つめ》たく、荒涼《こうりょう》としていま

す。はるか遠《とお》くに見えるなだらかな丘《おか》にむかって、くっきりと自分《じぶん》の影《かげ》がのびています。宇宙《うちゅう》の中のどことも知《し》れない惑星《わくせい》に不時着《ふじちゃく》したような感《かん》じ、まったくの沈黙《ちんもく》の世界《せかい》。

そこにあったのです。シャカイハタオリの巣《す》が。

それも極《きわ》めつきに大きいのが。

全長《ぜんちょう》約《やく》九m、幅《はば》五m、厚《あつ》さ約《やく》二・五m。

ただただ、あぜんとするばかりでした。

しっかりスケッチをして、バンガローにもどりました。

※p.14, 15カラーページとは逆側からみたところ

それからその近辺《きんぺん》で、もうひとつ、最後《さいご》の赤丸印《あかまるじるし》の鳥《とり》の巣《す》を探《さが》すことにしました。その鳥《とり》の名は Cape《ケイプ》 Penduline《ペンデュライン》 Tit《ティット》 キバラアフリカツリスガラ。これはアジアからヨーロッパとアフリカにすむツリスガラの仲間《なかま》で、羊《ひつじ》の毛《け》などでホワホワの袋《ふくろ》のような巣《す》を作ります。ツリスガラの巣《す》もよくできているのですが、アフリカツリスガラは、さらにまた信《しん》じられないような巣《す》を作るのです。

どう信《しん》じられないかというと、この巣《す》には見るからに入《い》り口《ぐち》のような穴《あな》があいているのです。しかし、これはすぐ行《い》き止《ど》まりになっている偽《にせ》の入《い》り口《ぐち》です。ほんとの入《い》り口《ぐち》はというとその上にあり、いつもは閉《し》まっていて、出かけるときは、頭《あたま》で押《お》して閉《し》め、巣《す》に帰《かえ》ったときは、足《あし》で開《あ》けて巣《す》の中にはいるという、すぐには信《しん》じられないような巣《す》なのです。

大きさは一〇㎝くらい、アカシアなどの木の枝《えだ》に作られるようです。見るとアカシアの木に実《み》がついているのですが、大きさ形《かたち》、色《いろ》などとてもよく似《に》ています。やはり、敵《てき》に見つからないよう擬態《ぎたい》しているのでしょうか。

昨日《きのう》もバンガローの庭《にわ》にいると、どこからともなく猿《さる》がでてきて庭《にわ》の木に登《のぼ》っていきました。こんなところにも猿《さる》がすんでいるので、

中はこうなっています

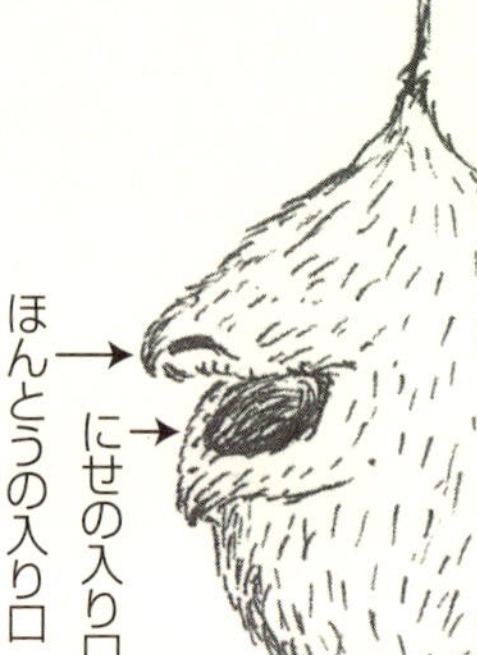

アフリカツリスガラ

ツリスガラ

ツチブタと巣

キンメハウチワドリ

オリックス

アフリカツリスガラにとっては恐《おそ》ろしい敵《てき》です。またマーチンに部《へ》屋《や》のドアは、ヘビがはいるから必《かなら》ずしめるように、といわれたのですが、それらにも襲《おそ》われないように、ということであのような不思《ふし》議《ぎ》な形《かたち》の巣《す》になったのでしょう。

マーチンとあっちの木こっちの茂《しげ》みと探《さが》しに探《さが》しまわりました。ときおり現《あらわ》れるオリックス（角《つの》のあるシカ）など見ながらキンメハウチワドリや、ツグミの仲間《なかま》の巣《す》やアントベイ（ツチブタ）の巣《す》（地面《じめん》の穴《あな》）は発見《はっけん》したのですが、本命《ほんめい》は見つかりません。

しばらくしてマーチンいわく、

「アフリカツリスガラの巣《す》を探《さが》すのはやめよう」

「Why?《ホワイ》」なぜ？　と聞《き》くと、彼《かれ》はいいました。

「アフリカツリスガラはこれからの冬《ふゆ》の時期《じき》、寒《さむ》さをのがれるため、夜《よる》はみんなで巣《す》にはいって寝《ね》るという説《せつ》がある。だから、もし見つけてもとらないほうがいいんではないか」というのです。

ウーンそうか、たしかに昨夜《さくや》の冷《ひ》えこみは、その説《せつ》を納得《なっとく》させるに充分《じゅうぶん》です。たくさんあればいいですが、これだけ探《さが》してないとなると、きっとひとつの巣《す》に何羽《なんわ》もはいって寒《さむ》さをしのぐのでしょう。しばし熟考《じゅっこう》。

「OK《オーケー》. I《アイ》 understand《アンダースタンド》. Let's《レッツ》 go《ゴー》 back《バック》 home《ホーム》」「わかった家《いえ》に帰《かえ》ろう」

こうして今回《こんかい》の鳥《とり》の巣《す》探《さが》しの旅《たび》は終《お》わった……かにみえたのですが、そうはなりませんでした。

というのは、バンガローのそばに、ジェニーンさんという女性《じょせい》が馬《うま》といっしょにすんでいました。その人は馬《うま》に乗《の》ったり、絵《え》を描《か》いたり、エイズのカウンセリングなど、いろいろなことをしている人で、カラハリ砂漠《さばく》という環境《かんきょう》が好《す》きで一三年間《ねんかん》住《す》んでいるそうです。

いっしょに巣《す》も探《さが》してくれたのですが、その人がなんとなんとアフリカツリスガラの古《ふる》い巣《す》を持《も》っていて、ぼくにプレゼントしてくれたのでした。

古《ふる》いといっても羊《ひつじ》の毛《け》でできていてほわほわです。もちろんちゃんと偽《にせ》の入《い》り口《ぐち》も本物《ほんもの》の入《い》り口《ぐち》もついています。

あきらめかけたけれど、神様《かみさま》はぼくを見捨《みす》てなかったのです。

今回《こんかい》の旅《たび》で見たかった巣《す》の、最後《さいご》の赤丸印《あかまるじるし》がぼくのところへとやってきたのです。感謝《かんしゃ》。

砂漠にあった骨

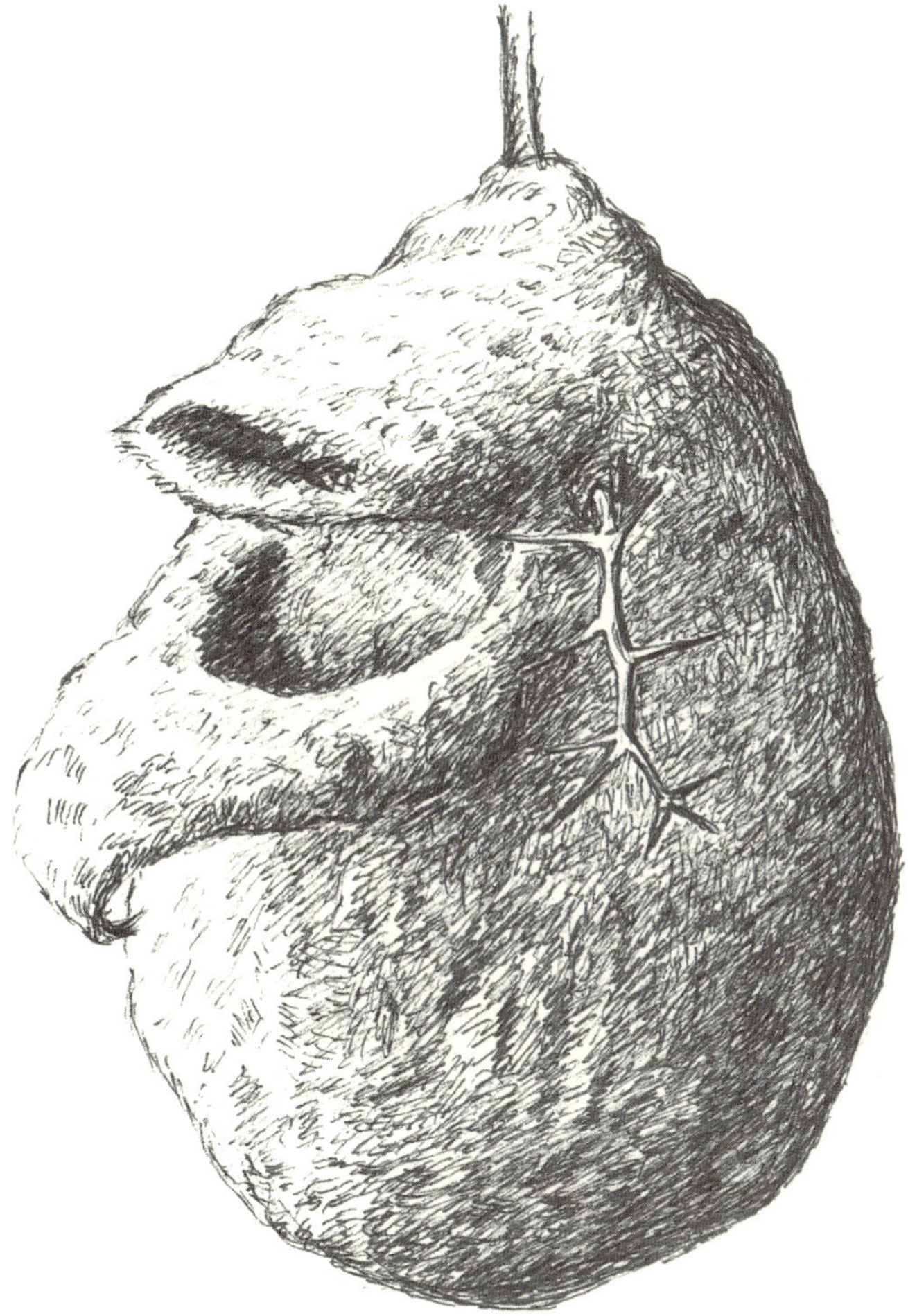

アフリカツリスガラの巣

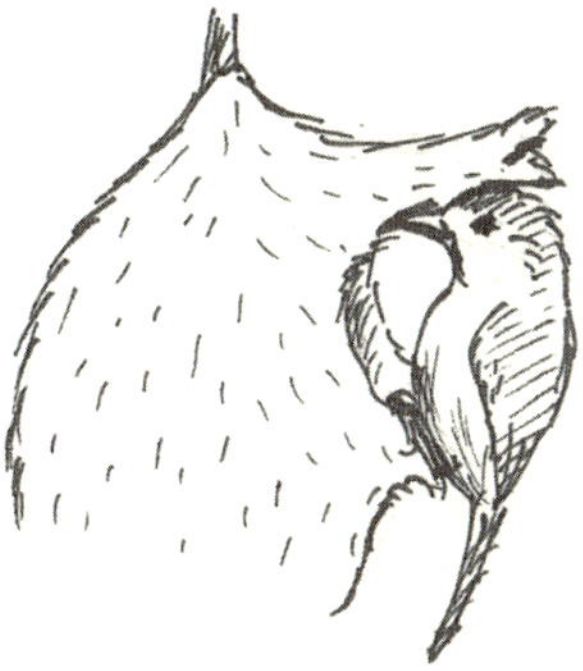

頭で閉めてでかけます

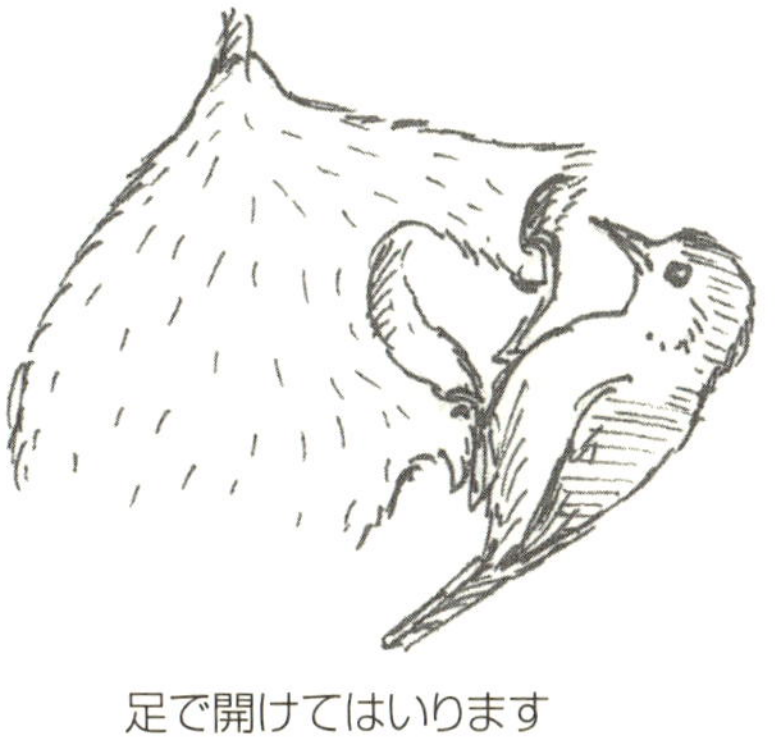

足で開けてはいります

南《みなみ》アフリカ鳥《とり》の巣《す》探検《たんけん》の旅《たび》も終《お》わりに近《ちか》づいてきました。

まだ薄暗《うすぐら》い早朝《そうちょう》、カラハリ砂漠《さばく》を出発《しゅっぱつ》したマーチンの車《くるま》は、ワーウィック先生《せんせい》のお宅《たく》めざしてひた走《はし》ります。帰路《きろ》は別《べつ》のルートだったので、また違《ちが》った形《かたち》のシャカイハタオリの巣《す》を見ることができました。

遊園地《ゆうえんち》のようなのや、ぬいぐるみの人形《にんぎょう》のようなもの、高《たか》い鉄柱《てっちゅう》についているもの、巨大《きょだい》なGiant《ジャイアント》 Eagle《イーグル》-Owl《オウル》クロワシミミズクがとまっていた巣《す》、等々《などなど》。

今度《こんど》はぜひ、一部《ぶ》分《ぶん》ではなく完全体《かんぜんたい》を採取《さいしゅ》しにこようと、心《こころ》ひそかに誓《ちか》ったのであります。

シャカイハタオリの巣の上のクロワシミミズク

クロワシミミズクの朝ごはんは
フクロウでした

こうしてワーイック先生《せんせい》のお宅《たく》に無事到着《ぶじとうちゃく》したのは夕方《ゆうがた》でした。先生《せんせい》と奥様《おくさま》ミッシェルさん、マーチンの奥様《おくさま》カリンさんも交《まじ》えてアフリカ最後《さいご》の夕食会《ゆうしょくかい》となったのです。

ゲストハウスの庭《にわ》に火《ひ》が焚《た》かれています。みなしだいに暗《くら》くなる空《そら》の下《した》、焚《た》き火《び》の炎《ほのお》を静《しず》かに見ています。

あたりはしだいに真《ま》っ暗《くら》になっていきます。先生《せんせい》がビールのオツマミの肉《にく》を焼《や》いてくれました。

ぼくは先生《せんせい》に次《つぎ》のようなことを話《はな》しました。

ぼくは子供《こども》にむけて絵本《えほん》を描《か》いていたが、ぐうぜん山《やま》の中で鳥《とり》の巣《す》を見つけ集《あつ》めるようになったこと。最初《さいしょ》、絵本《えほん》と鳥《とり》の巣《す》が結《むす》びつかなかったけれど、ある日《ひ》鳥《とり》の巣《す》を探《さが》していて、絵本《えほん》は小さな命《いのち》—心《こころ》を育《そだ》てるためのもの。鳥《とり》の巣《す》は小さなヒナの命《いのち》を育《そだ》てる場《ば》。形《かたち》は違《ちが》っても、小さな命《いのち》を育《そだ》てるというところでは同《おな》じものではないかと思《おも》うようになったこと。

そしてそれはほかの人も同《おな》じで、いろいろな職業《しょくぎょう》があるけれど、みな命《いのち》を育《そだ》てるためで、人間《にんげん》という生物《せいぶつ》が生《い》き続《つづ》けるようにという、種《しゅ》の保《ほ》存《ぞん》の力《ちから》なのではないか、というようなことです。

うまく話《はな》せたかわかりませんが、先生《せんせい》は小学生《しょうがくせい》の子《こ》供《ども》が話《はな》すのを聞《き》くように、やさしくうなずいてくれました。

満月《まんげつ》と焚《た》き火《び》の明《あか》りだけの静寂《せいじゃく》の世《せ》界《かい》。そんな世《せ》界《かい》を楽《たの》しめる人《ひと》達《たち》がいることをとてもうれしく思《おも》いました。

南《みなみ》アフリカにきて、鳥《とり》と鳥《とり》の巣《す》にたくさんふれられたことはもちろんうれしかったのですが、大地《だいち》とともにしっかり生《い》きている人達《ひとたち》に出会《であ》えたことも、とてもうれしいことでした。日本《にほん》とは違《ちが》ったアフリカという環境《かんきょう》で生《い》きる人達《ひとたち》。鳥《とり》の巣《す》同様《どうよう》多様《たよう》な環境《かんきょう》があり、多《た》様《よう》な生《い》き方《かた》があることを、たくさん感《かん》じることができました。そして夜《よる》の闇《やみ》やアフリカの月《つき》は日本《にほん》といっしょ、同《おな》じ地球《ちきゅう》の上なのだというのがまたうれしいことでした。

この後《あと》、室内《しつない》にはいり美味《おい》しい夕食《ゆうしょく》を食《た》べ、南《みなみ》アフリカのワインをごちそうになり、アフリカ最後《さいご》の夜《よる》はふけていったのでした。

翌朝《よくあさ》、マーチンの車《くるま》でゲストハウスから先生《せんせい》の家《いえ》にいこうとしたら、車《くるま》と平行《へいこう》してたくさんのホロホロチョウが朝日《あさひ》を浴《あ》びて走《はし》っていきます。あまりの美《うつく》しさ、爽快感《そうかいかん》に声《こえ》もでませんでした。

先生《せんせい》たちと朝食《ちょうしょく》を食《た》べ、先生《せんせい》から巣《す》をいただき、いよいよお別《わか》れのときとなりました。

ぼくは先生《せんせい》とミッシェルさんにこれ以上《いじょう》ない感謝《かんしゃ》の気持《きも》ちを伝《つた》え、再会《さいかい》を誓《ちか》って、さよならをいいました。

マーチンとカリンさんにヨハネスブルグ空港《くうこう》まで送《おく》ってもらい、二人《ふたり》にもできるかぎりの感謝《かんしゃ》と再会《さいかい》したい気持《きも》ちを伝《つた》え、キャセイパシフィック航空《こうくう》ホンコン経由《けいゆ》成田《なりた》行《ゆ》きの飛行機《ひこうき》へと乗《の》りこんだのです。

帰《かえ》りの飛行機《ひこうき》でぼくは思《おも》いました。

こうしていろいろなところに鳥《とり》の巣《す》を探《さが》しにいくということは、自分自身《じぶんじしん》がなにを求《もと》めているのか、なにをしたいのかを探《さが》していることではないか、と。

親鳥《おやどり》が安心《あんしん》できる空間《くうかん》を求《もと》めて作るのが鳥《とり》の巣《す》だとすると、自分《じぶん》

にとってなにがいちばん安心《あんしん》できることなのか、なにをすることが自分《じぶん》の心《こころ》の安心《あんしん》や、うれしさを感《かん》じることにつながるのか。それを探《さが》し続《つづ》けることが、自分《じぶん》にとっての巣《す》を作る＝作品《さくひん》を作ることにつながるのではないだろうか。

結局《けっきょく》、鳥《とり》の巣《す》を探《さが》すというのは、自分自身《じぶんじしん》を探《さが》していることなのでしょう。

エピローグ

午後八時、成田《なりた》空港第一旅客《くうこうだいいちりょかく》ターミナル。カンタス航空《こうくう》、成田《なりた》発《はつ》オーストラリア・ケアンズ行き。

出発《しゅっぱつ》ゲートで、ぼくはいま作っている絵本《えほん》のダミーを読《よ》みなおしていたのですが、北海道《ほっかいどう》からオーストラリアにいく修学旅行《しゅうがくりょこう》の高校《こうこう》生《せい》たちで、騒々《そうぞう》しいことこのうえない状態《じょうたい》になってしまい、かばんにしまいました。

広《ひろ》く大きなアフリカでは、多様《たよう》な自然《しぜん》が多様《たよう》な生命《せいめい》の営《いとな》みを生《う》みだし、不思議《ふしぎ》な鳥《とり》の巣《す》をたくさん見ることができました。

そして、同《おな》じように広《ひろ》く大きな大地《だいち》はアフリカだけではありません。アフリカとは異《こと》なった多様《たよう》な自然《しぜん》が不思議《ふしぎ》な生命《せいめい》を生《う》みだしている大地《だいち》に、オーストラリアと南米《なんべい》があります。

そこにはアフリカとは異《こと》なる、とっても不思議《ふしぎ》な鳥《とり》たちがすんでいるようです。

今回《こんかい》、ぼくがいくのはオーストラリア。そしてその不思議《ふしぎ》な鳥《とり》の名《な》はニワシドリ。ぼくはいま、ニワシドリたちの絵本《えほん》を作るため、オーストラリアの熱帯雨林《ねったいうりん》に取材《しゅざい》にいくところなのです。そしてそれは、さらなる秘境《ひきょう》ニューギニアへとつながる旅《たび》の始《はじ》まりでもあるのでした。

さあ、搭乗《とうじょう》ゲートが開《ひら》き、飛行機《ひこうき》への搭乗《とうじょう》が始《はじ》まりました。いざ、新《あら》たなる鳥《とり》の巣《す》の世界《せかい》へむけ出発《しゅっぱつ》です。

鈴木　まもる（すずき　まもる）

1952年、東京に生まれる。

東京芸術大学中退。

『黒ねこサンゴロウ』シリーズ（偕成社）で赤い鳥さし絵賞を、『ぼくの鳥の巣絵日記』（偕成社）で講談社出版文化賞絵本賞を受賞。主な絵本作品に『せんろはつづく』『つみきでとんとん』（金の星社）、『ピン・ポン・バス』『はしれ！ たくはいびん』（偕成社）、『みんなあかちゃんだった』『ときときとき』『くりんくりん』（小峰書店）などがある。

また、鳥の巣研究家として『鳥の巣の本』『世界の鳥の巣の本』『鳥の巣のうた』『ぼくの鳥の巣コレクション』（岩崎書店）、『鳥の巣みつけた』『鳥の巣研究ノート』（あすなろ書房）、『ふしぎな鳥の巣』『鳥の巣ものがたり』、『鳥の巣いろいろ』（偕成社）、『バサラ山スケッチ通信・全3巻』（小峰書店）などの著書があり、全国で鳥の巣展覧会を開催している。

鳥の巣研究所（鈴木まもる公式ホームページ）

http://www.i-younet.ne.jp/~basaract/

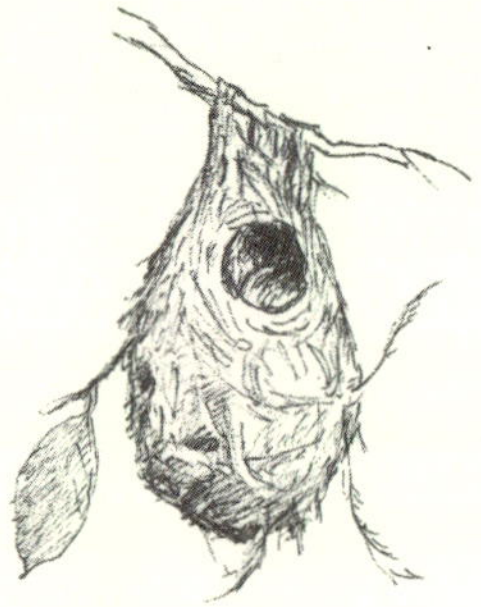

バサラ山スケッチ通信
世界の鳥の巣をもとめて
2007年11月23日　第1刷発行

作 ——— 鈴木まもる
ブックデザイン— 細川佳
発行所 ——— ㈱小峰書店
発行者 ——— 小峰紀雄
〒162-0066
東京都新宿区市ケ谷台町4-15
TEL・03-3357-3521
FAX・03-3357-1027
http://www.komineshoten.co.jp/
印刷・組版 — ㈱三秀舎
製本 ——— 小高製本工業㈱

ISBN978-4-338-21603-6
NDC916 143P 25cm